"航空应急救援培训"系列丛书

本书依托国家重点研发计划项目"航空应急救援关键技术研究及应用示范"

航空应急救援应用基础培训

主　编　高远洋

副主编　王　鹏　薛傅龙

编委会　高远洋　王　鹏　薛傅龙　宋　晗　赵晓博

　　　　高少辉　张宝空　何　亮　侯照宇　郭宗杰

　　　　吴　静　周慧聪　马圣奎　魏建民　王新宇

　　　　薛　涛　冯晓丽　丁满满

北京航空航天大学出版社
BEIHANG UNIVERSITY PRESS

图书在版编目（CIP）数据

航空应急救援应用基础培训／高远洋主编. ——北京：
北京航空航天大学出版社，2022.4
ISBN 978-7-5124-3432-5

Ⅰ. ①航… Ⅱ. ①高… Ⅲ. ①航空运输 - 突发事件 -
救援 Ⅳ. ①V328

中国版本图书馆 CIP 数据核字（2020）第 254111 号

航空应急救援应用基础培训

责任编辑：曲建文 王 素
责任印制：秦 赟
出版发行：北京航空航天大学出版社
地 址：北京市海淀区学院路 37 号（100191）
电 话：010 - 82317023（编辑部） 010 - 82317024（发行部）
010 - 82316936（邮购部）
网 址：http：//www. buaapress. com. cn
读者信箱：bhxszx@163. com
印 刷：天津画中画印刷有限公司
开 本：787mm×1092mm 1/16
印 张：14
字 数：289 千字
版 次：2022 年 4 月第 1 版
印 次：2022 年 4 月第 1 次印刷
定 价：80. 00 元

序　言

　　航空应急救援体系与能力建设是安国利民的重大战略和复杂的系统工程。2019 年 11 月 29 日中共中央政治局进行第 19 次集体学习时，习近平总书记对应急管理体系和能力建设做出重要指示，强调要加强航空应急救援能力建设、完善应急救援空域保障机制，我国航空应急救援体系建设进入大力推进的新时代。

　　2008 年 12 月 "5.12" 汶川特大地震的抗震救灾中，航空应急救援发挥了不可替代的重要作用，但也显露出我国航空应急救援能力之薄弱，与我国灾害频发的国情、社会经济发展水平及国际地位不相称，也难以满足广大人民群众对航空应急救援日益迫切的需求，亟待我们补齐这一短板。针对这一情况，2008 年 12 月中国航空学会刘高倬理事长提议就我国航空应急救援问题进行研究，决定由我和学会秘书长张聚恩先生牵头成立课题研究小组开展研究工作，经过半年的研究，我们完成了研究报告，并在研究报告基础之上形成了一份题为《关于建设国家航空应急救援体系的建议》的院士咨询报告，经 27 名院士共同署名后上报党中央，得到了时任中央政治局 5 位常委和国务院两位副总理批示。在当时上报的院士咨询报告中，我们就提出要加强航空应急救援培训，建立航空应急救援专业队伍。

　　我很高兴地看到，在 2016 年国家重点研发计划首批专项中就设立了 "航空应急救援关键技术研究及应用示范" 项目，且将航空应急救援培训体系、培训方法及培训教材纳入项目研究内容，本书即是该部分研究内容的成果体现。将研究成果教材化，有利于更快更好地将研究成果应用于社会经济实践，这一做法值得鼓励和推广。

　　本书依托国家重点研发计划项目 "航空应急救援关键技术研究及应用示范"，由该项目 "航空应急救援装备应用示范与救援演练" 课题负责人北京航空航天大学通用航空产业研究中心主任高远洋教授担任主编，编委会成员大多是来自项目参研单位的研究骨干，且都是长期从事通用航空及航空应急救援研究的学者及实践者，有深厚的研究功底和丰富的实践经验，这为本书的专业性及高质量提供了保障。

　　作为一本航空应急救援通识教材，本书较为全面地介绍了航空应急救援体系的构成及国内外航空应急救援发展情况；面向实施航空应急救援任务的飞行员、机上作业人员、医护人员、地面保障人员，针对性地讲解了应知应会的基本知识及应掌握的专业技能；同时针对航空应急救援的组织指挥者，讲解了不同救援场景下航空应急救援的组织过程，提供了相应的以资参考的航空应急救援流程及航空应急救援演练方案。全书内容翔实，结构清晰，图文并茂，可读性好且不失专业性，是一本高质量的航空应急救援基础教材。

当然，航空应急救援是一项涉及面广、专业跨度大、任务环境复杂的特殊工作，仅靠一本通识教材远远满足不了航空应急救援培训的需要。本书的出版是一个良好的开端，我真诚地希望本书编委会及其他有识之士，继续以极大的热情投身我国航空应急救援事业，编写和出版更多的系列化航空应急救援教材，为我国航空应急救援专业队伍建设及航空应急救援人员专业化水平提升做出更大的贡献。

是为序。

刘大响

2022 年 1 月 10 日

内容简介

本书依托国家重点研发计划"航空应急救援关键技术研究及应用示范"项目，参编人员来自参与项目研究的航空应急救援专家学者及实践者，集项目研究成果、实战经验及相关研究文献之大成，是面向从事航空应急救援工作的飞行员、航空作业机组、医护人员、地面保障人员及组织指挥者的一本通识读物及培训教材。

全书分为三部分共九个章节，以航空应急救援通识教育、安全教育为普及性基础培训内容，针对各类作业人员延伸至专业基础培训内容，同时就应急救援组织过程与工作协同安排了综合培训内容及工作实施指南。

第一部分是基础培训，分为总论、基本知识、安全教育三个章节。介绍了国内外航空应急救援发展情况及政策法规、行业标准、航空应急救援体系构成；就航空应急救援的基本知识、直升机飞行环境影响因素、区域航空应急救援能力建设、航空应急救援装备与物资、航空应急救援的产业化与商业化等方面的内容进行了讲解；针对实践中最为常用的直升机救援，讲解了直升机救援安全知识、安全保障装备、自救与救护安全技能。

第二部分是专业基础培训，分为飞行机组、救援机组、地面人员三个章节。针对航空应急救援各环节中的飞行员（主要是直升机飞行员）、机上作业人员、航空医护人员、地面指挥及保障人员等各级各类人员应该掌握的专业技能、操作要求及工作规范进行了讲解。

第三部分是综合培训与演练，分为运行协同、综合培训和航空应急救援示范演练三个章节。介绍了航空应急救援系统的运行机制、各参与主体的角色职能与职责，基于协同运行的各任务类型航空应急救援流程及协同工作要求；讲解了基于模拟设备及 VR 虚拟现实环境的综合培训、协同工作培训及着眼于认知、沟通与团队合作的非技能培训的相关内容；结合依托的国家重点研发计划航空应急救援项目所进行的航空应急救援演练，提炼并展示了不同航空应急救援场景下的演练方案，可作为组织航空应急救援演练以巩固所学知识、提高实操技能及检验培训效果的参考指南。

此外，在附录部分，列举了31种救援过程中常用的急救药品和用药护理常识，并介绍了用于航空应急救援的常用直升机及其性能参数。

　　本书可作为各类航空应急救援培训概论性课程的基础教材，也可以作为大专院校相关专业课程学习的辅助教材，还可以作为各地构建航空应急救援体系、组织航空应急救援演练及开展航空应急救援业务的参考指南。

编者致谢

本书获国家重点研发计划"航空应急救援关键技术研究及应用示范"项目（项目编号：2016YFC0802600）资助，得到了参编人员所在单位北京航空航天大学通用航空产业研究中心、海丰通航科技有限公司、上海中瑞通用航空有限公司、中南大学湘雅医院、北京120急救中心、北京市999红十字会紧急救援中心等单位的大力支持，在编写过程中参考了众多的参考文献，北京航空航天大学出版社的编辑对本书进行了认真细致的编校，并对本书的出版提出了很好的建议，在此一并表示感谢。

需要说明的是，对于本书参考和引用的文献资料我们已竭尽所能在"参考文献"中进行了列示，但也可能会挂一漏万，如有遗漏请告知，我们向相关作者致歉，并在本书再版时予以增补及以其他方式予以感谢。

我们将以本书的出版为开端，希望与更多的有识之士一起就我国航空应急救援培训体系建设及培训标准编制开展后续研究，编辑出版更多的航空应急救援培训系列教材，为我国航空应急救援专业人才培养及专业队伍建设贡献力量。

目 录 ◁◁◁

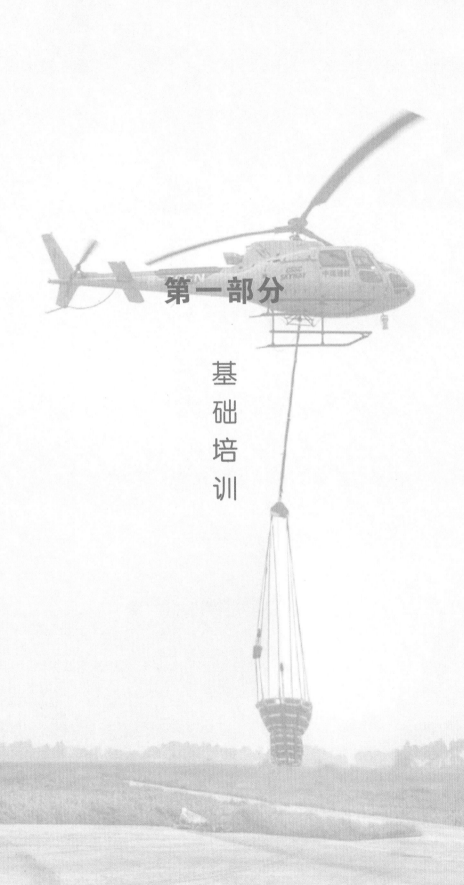

第一部分

基础培训

第一章 总 论

第一节 发展历史与发展现状

一、国外发展及其经验借鉴

随着社会经济发展要求的不断提高和整体社会经济水平的不断提升，航空应急救援伴随着航空产业的发展应运而生，发达国家和部分发展中国家已建立了完善的航空应急救援体系并积累了发展经验，其中最具有代表性的有美国、俄罗斯（苏联）、瑞士、德国、日本等国，他们代表了目前航空应急救援在全世界发展的先进水平。

美国于 1956 年颁布了《全国搜索救援计划》，1974 年制定了《斯坦福减灾和紧急救助法案》，1979 年成立了联邦紧急事务管理局（FEMA）。最早的航空应急救援实践开始于 1969 年 Cowley 通过军用直升机将休克病人快速转运到创伤中心，如今美国已成为航空应急救援最发达的国家。

1986 年苏联发生了切尔诺贝利核电站事故后，1989 年苏联政府成立了"国家紧急事务委员会"。这个委员会被移交到俄罗斯政府部门，1991 年改名为"俄联邦民防、应急与减灾部"，简称"紧急情况部"（EMERCOM）。1994 年，俄罗斯联邦立法机关通过了联邦共同体应急管理法案，以抵御联邦共同体领土范围内发生的自然灾害和技术性灾害（或者灾难）。"紧急情况部"转变为俄罗斯联邦政府直属部门，具有民防性，对突发事件和自然灾害有应急救援的职责，并且建立了俄罗斯联邦预防和消除紧急情况的统一国家体系（UEPRSS）。

瑞士在 1952 年成立了服务于本国的航空救援队伍（REGA），这是瑞士最大的航空救援组织，隶属于瑞士红十字会，受瑞士联邦政府监督。

德国在 1972 年 2 月成立了德国空中救援联盟（DRF），1973 年 3 月设立了第一个配备救援直升机的紧急呼叫服务基地。目前，非营利的 DRF 是欧洲最大、现代化程度最高的平民空中救援联盟组织。

日本的东京消防厅在 1966 年组建了第一支消防航空队。截至 2003 年初，横滨市、川崎市、千叶市、大阪市、神户市、京都府等 14 个消防厅也组建了消防航空队，共配备消防直升机 27 架。除组建专业的消防航空队外，还在 36 个道、县还设立了民间飞行机构，共配备专用防灾直升机 41 架，以进行紧急救援。

航空应急救援是当今世界许多国家应急救援体系的重要组成部分和主要救援力量，并且已进入了实用阶段。航空应急救援的常态化运营建立在国家通用航空产业整体发展实力强大的基础上，以政府航空救援队、军航加上民间航空救援力量为救援主体的多元化发展模式是目前最具发展优势、同时也是经过验证的主流发展模式。

美国是航空应急救援最发达的国家之一，全美可供用于执行救援任务的直升机超过 1 万架，一般 20 分内就能够抵达出险位置。其航空救援力量主要包括空军、海岸警卫队、民用航空巡逻队、各州航空救援力量及其他社会力量等，基本形成了医疗保险、商业保险、政府补助、慈善组织捐赠以及个人支付等多渠道费用来源的商业化运行模式。俄罗斯拥有独立、专业化的航空及航空应急救援技术局，全国拥有 400 多架应急救援直升机。德国专业救援用直升机数量已超过 300 架，其中德国空中救援中心（DRF）拥有直升机 50 多架及医疗救护固定翼飞机 4 架，共设有 31 个直升机紧急呼叫服务基地（HEMS）。DRF 是一个非营利航空救援组织，该组织已扩及奥地利、意大利，是欧洲目前最大的民间空中救援联盟。分布合理的众多的救援点/基地以及数量充足的直升机，使得德国的航空救援做到了响应时间 15 分钟内全国有效覆盖。日本拥有 1000 余架救援直升机，在紧急救援时可随时应召投入救援行动。加拿大拥有可参与救援的各类飞机 1000 余架。法国航空紧急救援队配备 33 架直升机和 27 架固定翼飞机，可实施覆盖法国全境的航空紧急救援。英国、瑞士等国均设立了国家航空应急救援中心。巴西、韩国等国也成立了专职航空应急救援队。

先进国家航空应急救援发展与实践给我们带来重要的经验借鉴：

（1）救援力量配备与需求相适应

这些国家，不管国土面积是小还是大，人口密度是疏还是密，航空救援力量的配备及航空救援基地的布局基本上都是着眼于满足对航空救援的需求。即在设定的救援响应时间标准内，根据人群分布及灾情频发点分布，配置航空救援力量及布局航空救援站。

（2）有效的组织与协调体系

无论是军队牵头、政府部门牵头、还是社会机构统筹，都有一个强有力的法定的管理单位对来自各方的航空救援力量进行统一的协调，并组织实施航空救援行动。

（3）多元化的救援力量

救援力量的构成多元化，有来自军航、中央政府、地方政府、民航及民间的航空器，有专属的航空救援站点，还有设置在民用机场的航空救援站。除了国家航空救援力量，还有公司化的航空救援机构提供商业化的航空救援服务。

二、国内发展情况

我国航空应急救援事业经历了长时期的发展，取得了可喜的进步。20 世纪五六十年代，以森林灭火为目的相继成立了东北航空护林中心、国家林业局西南航空护林总站，实现了平稳开局；2008 年，在"5·12"汶川特大地震中，军队、社会组织和企业出动数百架直升机转运救灾物资和人员，使航空应急救援广泛进入公众视野；鉴于汶川地震救灾中反映出来的我国航空应急救援短板问题，2009 年，由中国工程院刘大响院士牵头，27 位两院院士向党中央联名上书，建议尽快建设我国航空抗灾救援体系。该建议得到了党中央的高度重视，并做出重要部署，我国航空应急救援事业步入体系化发展阶段；2019 年 11 月 29 日，在中央政治局第十九次集体学习的讲话中，习近平强调"要加强航空应急救援能力建设，完善应急救援空域保障机制"，对我国航空应急救援事业的发展进一步提出了明确要求。我国现已基本形成以国家航空力量与民间航空力量相结合、中央政府与地方政府统筹协调的航空应急救援体系，并开始探索政府、商业机构与公益机构共同参与的运行模式。

目前，我国已基本具备以直升机为平台的侦查巡护、图像传输、搜救营救、物资投送、吊桶灭火、伤员转移、医疗救护等能力，立足东北和西南，辐射全国，执行森林灭火和地震、山区、海上搜救等救援任务。航空救援队伍主要由军队（空军、陆航、海航、武警部队）、警用航空、专业救援队和通用航空企业相关力量组成，除军队航空救援力量外，其他航空救援专业力量如下：

（1）警用航空机队

自 1993 年 12 月，湖北武汉警方购置第一架轻型直升机后，25 年来我国警用航空实现了从无到有、从无序到有序的跨越。目前，全国 19 个省（自治区、直辖市）已建立 32 支警用航空机队，共有 50 多架直升机，建成 12 个独立的警航基地（另 7 个正在筹建），公安部在广东、上海、鄂尔多斯等地建立了专业训练基地。

（2）交通运输部救助飞行队

交通运输部救助飞行队是国家唯一一支海上专业空中救助力量，主要承担中国水域发生海上事故的应急反应、人员救助、船舶和财产救助、海上消防、清除溢油污染和为海上资源开发提供安全保障等多项重要职责，还参加当地政府组织的抢险救灾和国家指定的特殊的政治、军事等抢险救助任务。2003年以来，先后成立了4支（北海第一、东海第一、东海第二、南海第一）救助飞行队，现有飞机30余架，建立了8个救助飞行基地、2个救助机场、59个救助起降点，拥有飞行员75名，专业救援人员达到563人，基本建成大型机和中型机相结合的救助值班待命机队，形成了海空一体的救助体系。

（3）应急管理部航空救援支队

应急管理部航空救援支队（原森林消防航空救援支队）是国家唯一一支森林消防专业化航空力量。自2009年成立以来，先后装备专业灭火直升机18架，配备了消防吊桶、机腹式水箱专业灭火任务装备，同时还配有多套索（滑）降、搜索灯具、吊篮/吊椅、电动绞车等专业救援救生装备，拥有涵盖航空类22个专业79个岗位的300余名专业技术人员，先后在黑龙江大庆和云南昆明建立了2个综合性直升机机场，建有吊桶（水箱）、索（滑）降等专业训练场和飞行、机务训练模拟室。该支队现已成为以39名飞行员、29名空中机械师（员）为主的空勤力量，具备14个能独立遂行任务的机组，日常依托南北方两地近百个航空护林站和森林航空消防基地执行森林航空消防任务，2012年被国家纳入航空应急救援体系。

（4）中国民用航空应急救援联盟

2016年8月25日，由中国航空器拥有者及驾驶员协会、中国应急管理学会、中国医学救援协会、中国保险行业协会四个国家一级协会共同发起创建的非营利性、非独立法人的全国性社会组织——中国民用航空应急救援联盟揭牌成立。旨在促进国内民用航空应急救援资源有效整合与共享，探讨制订与国际接轨的中国民用航空应急救援服务标准，构建覆盖全国的航空救援联盟和呼叫联动机构，打破地域限制，常态下履行空中应急救援的社会职责，服务大众，紧急情况下配合应对自然灾害、公共安全等突发事件，逐步形成规模化、规范化的航空紧急救援产业。

目前国内航空应急救援业务运行相对成熟的有交通部救助打捞局、应急管理部航空救援支队、北京市红十字会紧急救援中心（999）、上海金汇通用航空股份有限公司、海丰通航科技有限公司等少数国家单位与通用航空公司。在国际级别的应急救援行动中军航常常成为航空应急救援主力，然而，军队航空力量主要职责是作战而非应急救援，通常也只在重大自然灾害和公共突发事件发生时才参与救援；警用航空在应急救援领域通用性不强，往往只能执行某一项救援任务；通用航空企业受运营成本、企业效益等影响，较少配备航空救援装备，专业的航空应急救援训练也没有常态化地开展。从总体上看，我国航空应急救援能力与发达国家相比具有较大差距，也与我国保障群众生命安全、提高救灾能力的需求不相匹配。

随着我国承担大型国际赛事、会议保障任务的增多，直升机救护保障也成为紧急医

疗保障体系的重要组成部分，如北京急救中心（120）、北京国际（SOS）救援中心、北京红十字会紧急救援中心（999）都拥有自己可用的航空救援直升机，并积极参与到北京周边地区的空中急救医疗服务中。此外，较之高速公路的日益拥堵，直升机运输具有快捷性与方便性，救护直升机已逐渐开始用于医院间重症患者的转诊运送。上海市、武汉市的急救中心和医院也通过与警务航空队、航空救援公司的合作，搭建了"空中120"平台；第四军医大学附属西京医院更是组建了专业的航空医疗救护队伍——西京急救飞行医疗队；内蒙古巴彦淖尔市医院、四川攀钢医院等与通用航空企业合作建立了常态化的航空医疗救护能力。21世纪初，随着我国经济水平的提升以及医院建设速度的加快，许多大型医院前瞻性地建设了直升机地面停机坪或楼顶直升机停机平台。

尽管如此，因通用航空产业发展水平和航空技术装备发展水平比较低、通用航空运营环境及政府管理机制不完善、通用机场及地面保障能力弱等因素的制约，我国航空应急救援的发展仍处于起步阶段，总体来看存在以下问题：

一是领导指挥管理体制有缺失。在领导层面，没有明确的归口管理部门，航空救援力量分散在公安、交通、农林、电力等多个部门，低层次重复建设的问题较为突出，难以整合资源，形成整体合力；在指挥层面，缺少常设专职指挥机构，对航空资源分布、队伍救援能力等信息掌握不够全面，灾害救援时，无法有效对各方救援力量快速调动、高效指挥。

二是政策制度机制保障有缺位。"十三五"期间制定的《国家突发事件应急体系建设"十三五"规划》中涉及航空医疗救护相关内容，但航空应急救援没有专项规划，缺少顶层设计，体系建设工作零散、断断续续。主要表现为航空应急救援领域的法律、法规尚未建立；政府购买航空应急救援服务的制度机制不完善；航空应急救援资源征用调用补偿标准不明确；通用航空公司参与应急救援缺少必要的政策扶持。

三是航空装备制造能力有差距。救援航空器无论是数量上，还是性能上与实际救援需求都还存在着差距，尤其是高原型、重型直升机缺口较大，大型灭火飞机及水陆两栖救援飞机等特殊航空器急需补充。这一问题的根本原因还是航空工业制造技术发展相对滞后，民族航空工业供应能力不足，进口航空器先进技术封锁、价格昂贵、保障不到位。

四是低空空域全面开放有瓶颈。低空空域是开展航空应急救援活动的主阵地，其开放程度是关乎航空应急救援能力提升速度的关键。按照国家现行空域管理体制，空域是在空管委的统一领导下，航路内由民航提供管制指挥，航路外由军航负责管制指挥，这种空域管理模式无法满足通用航空空域使用灵活、多样的要求。此外，低空飞行存在空域申请难、计划报批难、飞机起飞难等问题，严重制约航空应急救援行动响应效率。

随着近几年国家及地方政府对航空应急救援体系建设的重视以及通用航空产业的稳

步发展和通用机场建设的加速，我国航空应急救援事业也迎来了快速发展的契机，正在逐步缩小与发达国家的差距。

第二节　政策法规与行业标准

一、现有航空应急救援相关法律法规

随着航空应急救援需求的凸显以及国家对航空应急救援的重视，近年来国家及相关部门出台了促进航空应急救援发展的相关政策，航空应急救援法律法规建设工作持续稳步推进。

2009 年 4 月，中国工程院 27 位院士联名向党中央报呈《关于建设国家航空应急救援体系的建议》，得到时任中共中央总书记胡锦涛和国务院总理温家宝的高度重视，国家应急救援体系规划及系统性建设工作由此展开。

2012 年 7 月，国务院公布的《关于促进民航业发展的若干意见》中明确提出："大力发展通用航空。巩固农、林航空等传统业务，积极发展应急救援、医疗救助、海洋维权、私人飞行、公务飞行等新兴通用航空服务。"

2014 年国务院办公厅印发《关于加快应急产业发展的意见》，明确将航空应急救援作为发展重点，强调市场在资源配置中的决定性作用，加快应急救援体系建立。

2016 年 5 月，国务院办公厅在《关于促进通用航空业发展的指导意见》中提出："扩大公益服务和生产应用。鼓励和加强通用航空在抢险救灾、医疗救护等领域的应用，完善航空应急救援体系，提升快速反应能力。"

2016 年 8 月，国家卫生和计划生育委员会在《突发事件紧急医学救援"十三五"规划（2016～2020 年）》中提出"鼓励发展我国航空医疗转运与救治工作"的任务，明确提出"有效推进陆海空立体化协同救援，初步构建全国紧急医学救援网络"的工作目标，在全国卫生工作层面启动并推进相关工作。

2018 年 4 月 12 日，国务院下发《关于落实〈政府工作报告〉重点工作部门分工的意见》，指出"要健全应急管理机制，加快航空医学救援体系建设，强化综合应急保障能力"。

2019 年中国民用航空局、国家卫生健康委员会发布《航空医疗救护联合试点工作实施方案》，国家应急管理部发布《应急救援航空体系建设方案》，对航空医疗救护试点工作及航空应急救援体系建设进行了部署和安排。

2020 年 5 月，在两会期间，多名代表委员向大会提交了有关构建具有新时代中国特色的国家航空应急救援体系，不断提升装备国产化水平及制造能力的建议和提案。

在中央和国家相关部门的政策推动和发展指引下，江西、广东、江苏、山东、辽宁和河南等省份也在积极谋划和布局航空应急救援体系建设、积极探索航空应急救援运作模式的创新。江西省利用其通用航空制造及专业人才资源优势，正在推进国家航空应急救援体系建设示范省工作；广东省在广州番禺设立中国紧急救援广东航空基地，计划以广州为指挥中心，在全省设置 5 个区域航空应急救援分中心；2021 年 7 月浙江省应急管理厅、省交通运输厅联合印发《关于公布浙江省高速公路直升机临时起降点的通知》，公布了 37 处符合直升机应急救援起降条件的高速公路临时起降点。

法律法规方面，与灾害防治与防灾救灾相关的法律有《中华人民共和国海洋法》《中华人民共和国防洪法》《中华人民共和国消防法》《中华人民共和国防震法》等。尽管我国针对各类灾害的防控治理先后颁布的几十部法律法规和部门规章中的部分内容涵盖了航空应急救援，但基本上都是由各部委牵头制订的单灾种的法律法规和管理文件，规范性不强、效力有限。航空应急救援往往同时涉及多个领域和部门，现行的与航空应急救援相关的一些法律法规自成体系，缺乏兼容性，且不够健全，导致我国航空应急救援存在施救主体和救助对象的权利与义务、救援作业标准和规范、救援行动的监督和管理不清晰、不明确等一系列问题，不利于航空救援体系的建设和发展。从法律层面明确航空应急救援组织机构的法律地位、救援作业人员的资质标准和权利义务、救援主体协作配合机制，以及紧急状态下空域协同与指挥调度程序、救援经费保障与补偿、救援设施设备配备、救援人员培训与演练标准、救援评估机制等基本内容，使航空应急救援的体制配套建设走上法治化、规范化、标准化的轨道，实现该领域内有法可依，逐步建立一套与国际惯例接轨的航空应急救援体系，才能从根本上保证体系的稳定和持续发展。

目前，我国涉及航空应急救援的法律主要有两部，即 1995 年 10 月 30 日中华人民共和国主席令第五十六号公布的《民用航空法》和中华人民共和国第十届全国人民代表大会常务委员会第二十九次会议通过，并于 2007 年 11 月 1 日起施行的《突发事件应对法》。《民用航空法》是我国开展航空运输的最基本的法律，是规范通用航空应急救援工作开展的根本依据。该法共十六章，其中第十章、第十一章是针对通用航空以及应急救援的相关规定。《突发事件应对法》从突发事件的预防与应急准备、监测与预警、应急处置与救援、事后恢复与重建四个方面，对控制和减轻突发事件引起的严重社会危害提供了法律依据。该法按照社会危害程度、影响范围等因素，将突发事件分为特别重大、重大、较大和一般四个等级，界定了使用通用航空器应急救援的社会条件，明确了应对各类突发事件的责任机关。

涉及航空应急救援的法规和部门规章主要包括《中华人民共和国飞行基本规则》（以下简称《飞行基本规则》）、《通用航空飞行管制条例》《中国民用航空应急管理规定》。2000年7月24日公布的《飞行基本规则》共计十二章一百二十四条，另包括三个附件。该规则是我国航空领域的基本法规，所有航空器的单位、个人和与飞行有关的人员及其飞行活动都必须遵守。其第十二条规定，执行应急救援的通用航空器，既可以使用机场飞行空域又可以根据紧急情况的不同，使用临时飞行区域。2003年5月1日起施行的《通用航空飞行管制条例》，共分为七章四十五条，在《民用航空法》和《飞行基本规则》的框架内，明确了通用航空的概念，对通用航空飞行空域的划设和使用、飞行管理以及飞行保障等方面做了全面的规定。其中第三章第十六条指出：执行紧急救护、抢险救灾、人工影响天气或者其他紧急任务的，可以提出临时飞行计划申请。这样的规定对于执行紧急任务的通用航空单位而言，审批手续更加便捷，既满足了政府的管理需求，又能最大化地提高效率，从而保障应急救援活动的顺利进行。2016年3月交通部发布《中国民用航空应急管理规定》，该规定首次建立了应对突发事件分级响应制度。根据突发事件的性质、严重程度、可控性和影响范围，实行分级响应措施。从预防和应急准备、预测与预警、应急处置及善后处理等各个环节进行了较为具体的操作规定，为实施应急救援的规范性提供了法律依据。明确规定了中国民用航空局、民航地区管理局和企事业单位有责任和义务开展相应的预防与应急准备、预测与预警、应急处置、善后处理等民航应急工作，遵守本规定协助和配合国家、地方人民政府及相关部门的应急处置工作。

二、航空应急救援行业标准

航空应急救援是一项涉及陆空协同及多任务、多工种的综合性救援活动，是专业性很强的工作，需要制订完善的行业标准来指导和规范航空应急救援活动的专业化开展。目前航空应急救援通行的国际标准及国内外典型的行业标准主要有：《直升机航空医疗运输安全通告》（国际民航组织 Cir338）、《直升机空中救护运行》（FAA 咨询通告 AC135-14B）、《直升机紧急医疗救护运行》（欧洲航空安全局）、《直升机医疗救援服务》（中国民航局咨询通告 AC-135-FS-2018-068）、《直升机安全运行指南》（中国民航局咨询通告 AC-91-FS-2014-22）、《民用直升机场飞行场地技术标准》（中国民航局行业标准 MH5013-2014）等。

2016年科技部立项的国家重点研发计划"航空应急救援关键技术研究及应用示范"项目也把航空应急救援标准的研究与编制作为研究重点，本书的编写人员大部分参与了该项目。作为该项目的研究成果，目前已编制完成并发布以及已送审待发布的部分行业标准（含行业团体标准）包括：《航空应急救援场站等级划分》《航空应急救援装备配备标准（航空器）》《航空应急救援装备配备标准（专用任务设备及装备）》《航空应急救援装备训练维护管理标准》《航空应急救援装备技术标准》《航空应急救援单位运行合格审定规则》《航空应急救援人员证照管理规则》《航空应急救援人员训练规范及作业规程》《航空应急救援对外援助规程》《通用航空应急救援术语》《森林航空消防应急救援装备配备指南》《森林航空应急救援人员资质和培训规范》《直升机山区搜救人员资质与培训指南》《直升机城市消防应急装备配备指南》《直升机城市消防救援人员资质与培训规范》《通用航空应急救援企业运行控制中心设计规范》《航空应急救援协同工作培训指南》《航空应急救援非技术能力训练指南》《通用航空应急救援企业运行控制中心专家资质与训练规范》《航空应急救援装备分类和编码要求》《直升机应急救援地面保障设施配备要求》《通用航空医疗救援应急预案规范》《通用航空山区搜救应急预案规范》《通用航空城市搜救应急预案规范》《通用航空森林消防应急预案规范》《航空应急救援预案演练及技术支持要求》《通用航空应急救援对外援助章程》《直升机山区搜救装备配备指南》等。

第三节 航空应急救援体系建设

应急救援体系建设是一项复杂的系统工程，涉及的部门众多。目前，从世界范围来看，美国、德国、日本、俄罗斯等国家已建立较为完备的航空应急救援体系、保障制度，配备了较为齐全、先进的救援设备，救援力量分布基本做到满足应急救援需要。我国的应急救援工作条块分割，军队、公安、交通、安监、水利等部门都有相应的应急救援指挥机构。然而，目前我国的航空救援体系仍处于相对初级的阶段，各级政府或地理区域没有相应的指挥中心，不但造成了重复建设，浪费了大量人力、财力和物力，而且无法形成应急救援的合力，不能充分发挥通用航空应急救援的时效性。同时，我国可用于救援的航空器、设施的分布比较分散，如果没有完整的通用航空应急救援体系，数量本来就相对有限的救援资源就不能得到有效利用，救援能力会明显下降。此外，低空空域对通用航空器飞行的限制是我国尚未构建完整通用航空应急救援体系的一个重要原因。

汶川地震后，我国航空救援力量薄弱的问题引起了社会的极大关注，国家相关部门也在积极研究和着手部署我国航空救援体系的规划与建设。国外在航空救援体系建设及组织领导机制上有成功的模式和做法，当然中国的国情不同，不能照搬，但我们可以充分借鉴国外的成功经验，结合中国的具体情况，尽快建立适应我国救灾救援需求的完善的航空应急救援体系及有效的组织领导机制。

一、系统规划，科学布局

航空救援体系的建设需要进行系统性的统筹规划，首先是要设定目标，一些国家把航空救援的响应时间设定为 15～30 分钟，并以此为目标来构建其航空救援体系。当然，在规划上不仅仅是要考虑救援飞机的数量与机型结构，还要考虑救援力量的地理分布，因为救援飞机，尤其是直升机，其飞行救援半径有限。我国幅员辽阔，如果按照 15～30 分钟的响应时间，我国至少需要上万架可参与救援的救援飞机，显然这在短期内难以实现。欧美国家城市化发展大多采取的是多点网状分布式发展模式，所以其航空救援力量的分布体现了全境范围内的均衡性。而一直以来我国的城市化发展所走的是区域中心城市化发展道路，这导致人口分布的不均衡。事实上，我们可以根据人口分布情况和灾难灾情发生频率，设定一个分级时间响应目标，如 30% 以上的人口能在 15 分钟内、70% 以上的人口能在 30 分钟内、90% 以上的人口能在 45 分钟内得到航空救援。

二、统筹建设，统一协调

在明确了救援力量的建设与布局规划后，我们就需要有一个有效的规划建设实施机制与组织领导体系。大规模的航空救援虽然是国家救援行为，国家应该有一支强有力的航空救援队，但在航空救援力量的建设上，仅靠国家以"养兵千日，用兵一时"的观念去建设和维持能满足全国需要的国家航空救援力量的做法不可取。因为这恐怕需要组建一支飞机数量规模巨大的航空救援队伍，且难以想象如此多的救援飞机都由政府去购置、去"养"，这一做法既不现实也不经济。事实上，可以考虑分区域建立区域性的政府航空救援队，由各个区域航空救援队在可达范围内为本地区提供航空应急救援服务，必要时调动军队空中力量，并且将民间航空救援力量（包括商业航空救援公司）作为国家航空救援力量的重要补充，形成国家航空救援队＋军队航空支援＋民间航空救援力量三位一体的航空救援体系。当然，还需要建立起以各级政府为主导、以通用航空器为核心装备、以各协调部门为机构成员的综合一体化的高效指挥系统，成立由不同专业人员组成的应急救援组合体，完善通报协调制度和现代化指挥手段，并与各有关部门的指挥部相互连通，从而充分利用救灾资源，灵活调配救援力量，实施高度统一的组织管理，全面提高航空救援工作效率。并要注重平战结合，在平时负责救援体系及救援力量的维护与维持，战时统一指挥进而快速集结各方航空救援力量、有序有效地组织实施航空救援行动。

三、将民间通用航空力量纳入国家航空救援体系

以商业化手段调动民间力量，将民间通用航空作为国家航空救援力量的重要补充是国家航空救援体系建设的必由之路，也是国外普遍的做法，当然，这取决于一个国家的通用航空发展水平。在美国，通用飞机有近 23 万架，这些飞机大多属于私人、企业及私人机构，在紧急情况下，政府可以征用，但不是无偿的，而是由政府买单，是一种商业化行为。随着我国低空空域的开放，通用航空即将迎来大发展，也必将形成我国航空救援体系中重要的民间力量。民间航空救援力量参与国家航空救援不能仅仅理解为是义举，而是需要实现商业化，只有通过商业化方能使民间参与航空救援的行为常态化、程序化与专业化。所谓航空救援的商业化，是指由政府向通用航空运营企业购买应急救援服务，在这一过程中，政府是采购者，通用航空企业是供应商。政府将具备条件的通用航空公司列入政府采购目录以备采用，同时政府也要对列入采购目录的通用航空公司在专业救援设备的配备及平时的培训演练上提出要求和提供相应的支持。平时这些公司经营正常的通用航空运营业务，突发紧急情况时执行救援任务，而执行救援任务本身也是一个特殊的经营业务，这样可以平战结合，充分利用资源，以实现应急救援最大的经济性。当然，如果是非群体性的灾难事件，未必一定要启动国家航空救援，事实上可以通过纯粹的商业性航空救助行为来实施救援。作为商业性的救援行为，实施救助的通用航空公司是要收费的，那么，每小时数万元的高昂的飞行救助费用谁来支付？实际上这可以通过纳入商业保险来进行商业化设计，比如在人身伤害保险中增加航空救援险种，保险公司收取相应保费，由保险公司向实施航空救援的通用航空公司买单，这样可以使普通大众也能在可接受的付费范围内享受航空救援服务，于是，投保人—保险公司—实施救援的通用航空公司就形成了一个商业链，以实现应急救援的商业化。

第二章　基本知识

第一节　航空应急救援基本知识

航空是指航空器在地球大气层中的飞行活动，涉及与此相关的科研教育、工业制造、公共运输、专业作业、航空运动、国防军事、政府管理等众多领域。从事飞行活动的航空器分为轻于空气的航空器和重于空气的航空器两类。前者依靠空气静浮力升空，如气球、飞艇等；后者依靠与空气做相对运动产生的空气动力升空，如飞机、直升机等，按照是否载人，可以分为有人机和无人机。

航空应急救援是指采用航空技术手段和技术装备实施救援的一种应急救援方式。航空应急救援在救援目的和对象上与其他救援没有本质区别，但具有响应速度快、机动能力强、救援范围广、不受地形限制、救援效果好、科技含量高的特点，具有其他应急救援手段无可比拟的优势。航空应急救援为应急救援的实施提供了更高层次的响应平台，应用前景极其广阔，是世界上许多国家普遍采用的非常有效的应急救援手段。

航空应急救援常用的航空器主要包括固定翼飞机、直升机以及无人机。根据航空器类型、机载设备以及救援装备的不同，在不同的灾情和环境下，可执行不同的救援任务，应用领域主要分为自然灾害类、事故灾害类、公共卫生事件类及公共安全事件类等四种主要类型。

自然灾害主要包括气象灾害、地质灾害、海洋灾害、生物灾害和森林草原火灾等。我国属于自然灾害频发的国家，此类航空应急救援比例较高，作业类型繁多，是我国航空应急救援作业的主要应用领域。

事故灾害主要包括工矿商贸等企业的各类安全事故、交通运输事故、公共设施和设备事故、人为环境污染及生态破坏事件等。近年来，随着我国经济、社会的快速发展，各类工业事故一直处于高发态势，航空应急救援在我国各类工业事故和重大交通事故救援中具有极大的需求空间。

公共卫生事件是指传染病疫情、群体性不明原因疾病、食品安全和职业危害、动物疫情，以及其他严重影响公众健康和生命安全的事件。通常，突发公共卫生事件中所需要的航空应急救援服务是指各类专用药品、器材的高精度定点快速运输和投送，重大传染疾病的专用药剂的空中喷洒以及特定救援医护人员和伤病员的输送等。

公共安全事件主要包括战争、恐怖袭击事件、经济安全事件、涉外突发事件等。在和平年代的今天，公共安全事件发生时，往往离不开以直升机为主的应急救援作业。

除以上四种主要的救援任务外，面向医疗救护及保障任务的航空救援应用变得越来越广泛，主要包括以下两种类型：

急危重症患者的紧急救护。急危重症主要包括严重外伤和各种严重疾病，如恶性疟疾、大叶性肺炎、急性肠梗阻等。因此对急危重症伤病员，特别是边远偏僻地区和分散执勤点上的部队官兵、居民，进行平战时伤病员的医疗救治和后送，是航空医疗救护的一项经常性任务。

特殊的医疗保障和其他任务。特殊的医疗保障包括执行航天飞行任务航天员的救护、境内外非战争军事行动的卫勤保障、重大集会活动医疗保障等。此外，航空医疗救护直升机还可以用于极地、高楼被困人员的营救，以及专家、药品、医疗器械和捐赠器官的紧急运输等。

航空应急救援体系是指集救援航空器、航空起降场/点、医院及急救站、应急救援准备物资、航空应急救援专业人员、航空应急救援指挥系统等为一体的复杂任务系统。考虑到地域覆盖的全面性和有效性，航空应急救援体系能力建设需要进行区域性多点布局；根据所执行的救援任务的不同，需要选择不同的航空器及不同的救援方式，于是多个地区、多种任务、多种机型、多个起降场/点、多条航线便形成了航空应急救援网络，这是一个典型的离散系统，并要求其具备安全高效的特性，以满足航空救援需求。

第二节　航空医疗救护基本知识

一、航空医疗救护概述

航空医疗救护是指利用航空飞行器提供紧急医疗服务和突发公共事件医疗救护，包括伤病员的生命支持、监护、救治和转运，特殊血液和移植器官的运输，以及急救人员、医疗装备和药品的快速运达，以排除交通、距离、地形等影响，缩短抢救转运时间，使伤病员尽快脱离灾害或危险，达到减少致残率和死亡率的目的，是一项对医务人员身心素质、操作技能和医疗装备等要求严格、专业性强的特殊医疗急救。

与传统救援方式相比，航空医疗救护的优势体现在：①能够有效提高病人的存活率。相关实证研究通过选取数千名患者进行案例比对，发现航空医疗救护可以有效节约医疗时间、有效提升医疗处理质量，同时有利于后期进一步的医疗处理。另外，直升机在急救和运送病患方面能够比救护车快 3~5 倍，急救效力显著，可以降低事故死亡率 40% 以上；②有数据表明航空医疗救护的事故率远低于地面救护车救援，航空医疗救护是最为安全的医疗救护方式；③航空医疗救护效率优势明显。根据英国一项研究测算，虽然一架空中救护航空器的运营成本是地面救护车运营成本的 8 倍，但其响应服务范围却是后者的 17 倍。尽管航空应急救援具有快速、高效、灵活、及时、范围广、受地域影响小等诸多优势，但还是易受到气象、航空管制、起降场、地面保障等因素的限制。

根据航空器类型，航空医疗救护主要分为直升机航空医疗救护和固定翼飞机航空医疗救护。直升机航空医疗救护机动性强，但飞行半径小，机身空间小，携带的医疗装备和药品有限；固定翼飞机航空医疗救护飞行半径大，机身空间较大，可改装必要的医疗装备固定于机舱内部，但需要有带跑道的机场及其地面基础设施和指挥系统支持，易受航空流量管制。目前国内外航空医疗救护都是以直升机为主，固定翼飞机和其他飞行器为辅。

直升机航空医疗救护主要分为两种模式，一种是利用航空器把伤病员快速送到医疗条件较好的医院，一般采用空运医疗后送的方式；另一种是利用航空器将医疗救护力量运送到救援现场，一般采用空运医疗队或空降医疗队等形式，通常在救援环境恶劣的情况下使用。在空运医疗后送模式中，航空器不仅作为交通运输工具，还作为医疗救护的工作平台，因此空运医疗后送是航空医疗救护发展的主要方向。在空运医疗队或空降医疗队模式中，航空器主要发挥运输工具的作用，由于飞行活动组织的复杂性，这项任务往往由陆路或海上交通工具来执行，只在特定条件下才采用空运方式。目前，我国航空医疗救护的任务类型主要有院前急救、院间转运、器官转运、医护人员运送、医疗物资运送、重大集会活动医疗保障等。

目前我国航空医疗救护常用的直升机机型主要包括贝尔 429、EC135、EC145、小松鼠 AS350B3 以及 AW109 等。随着我国国产直升机技术的进步，未来使用国产直升机开展航空医疗救护前景广阔。在航空医疗的固定翼飞机方面，当前国内用得较多的是空中国王 350i、飞鸿 300、湾流 G550、猎鹰 2000、塞斯纳 208B 等机型，近年来正在尝试将国产 ARJ21 支线客机进行航空医疗救护型号改装设计。

二、航空医疗救护目标人群

适用于航空医疗救护的伤病患者有：突发事故或疾病而导致病情危重需要得到紧急有效救治的，如严重创伤、高危孕产妇及休克、急性心梗、脑梗死、脓毒症等患者；高速公路等偏远开阔地区，不适应颠簸的患者以及处于黄金救援期的患者；危重、疑难疾病需要向上级医院转诊患者；转运途中需要提供优质高效的医疗救护来维持生命体征的患者。

不适宜于航空医疗救护的伤病患者，包括但不限于：心脏骤停病患、减压病病患、动脉气体栓塞病患、任何原因的肠梗阻病患、未缓解的嵌顿性疝气病患、肠扭转病患、7 天内的剖腹手术或剖胸手术病患、颅内气体的病患、2 周内的眼科手术病患、气性坏疽病患、7 天内的出血性脑血管意外病患、未纠正的严重贫血（血色素小于 65g/L）、急性失血、血细胞比容低于 30%、未控制的心律不齐、不可逆的心梗、充血性心衰伴急性肺水肿、慢阻肺急性期、急性哮喘发作、急性精神疾病、未固定的脊柱损伤等病患。如遇以上不适宜上机的病患类型，而病患或家属/法定监护人坚持上机，可酌情允许上机，但应将可能出现的风险告知病患或家属/法定监护人，同时签订免责协议。

国际医疗统计表明，如重伤患者得不到及时有效救治，2/3 的人会在 30 分钟内死亡。如果在 15 分钟内给予其良好的救护和治疗，80% 的人可保住生命，这就是许多国家都把航空应急救援响应时间设定为 15 ~ 30 分钟的原因所在。航空医疗救护可有效节约医疗时间、有效提升医疗处理质量，各主要发达国家的高效的救援成功率，与其高度发达的航空医疗救护是密切相关的。

三、机组医疗人员配置原则

直升机航空医疗救护提供救援服务可使用多种医疗人员配备模式。人员组成由以下几个因素决定：患者人群、任务特征、交通工具能力、预算、本地资源和医生的专科专长。人员配置可一直保持不变，也可适时调整，具体取决于所要执行的任务。大多数空中转运和地面转运服务均配置两位医务人员，在某些情况下，可能会额外增加医疗人员进行专科转运。少数情况下，转运服务仅配置一位医务人员，例如单个稳定患者的常规转运或远程急救。某些情况下，受热度、湿度、飞行高度、距离、随机燃料储备、患者体重等因素影响，空中转运服务也会出现仅配置一名医务人员的情况。这些情况通常属于特殊情况，而非常规人员配置模式，使用前必须认真评估其适用性。

表 2.1　航空医疗救护机组人员选择的考虑因素

患者人群	年龄组成：新生儿、儿童、成年、老年 疾病类型：创伤、非创伤疾病
任务特征	距离、现场情况、危急程度、专科患者人群
交通工具容量	患者数、装载专科医疗设备的能力
交通工具类型	直升机、固定翼、其他
救援人员专业及资质	院前急救医务人员（医生、护士）、专科医护人员（医生、护士）；是否接受航空医疗救护专业培训

第三节　航空消防救援基本知识

将直升机应用于消防灭火救援行动，能够充分发挥直升机飞行灵活、能够空中停留盘旋、起飞和降落的限制条件少以及可以在任意的方向前进和后退的优势，从而在最短的时间内高效控制和消灭火情。

航空消防救援主要分为城市航空消防救援和森林航空消防救援。

一、城市航空消防救援

从 20 世纪五六十年代起，随着直升机技术及产品的发展，直升机在国外的城市消防领域中得以应用。我国由于直升机数量少，应用推广不足，城市航空消防救援还处于初步发展阶段。

城市航空消防救援核心装备是消防直升机。使用直升机进行消防救援，还需要加装相应设备，其中灭火设备以消防吊桶、机腹式水箱、消防水炮为主，能够通过喷洒、喷射水或泡沫等灭火溶剂进行直接灭火或控制火势。消防直升机除直接进行空中灭火外，还应具备灭火装备运输、人员救援与撤离、火灾侦察及空中指挥等功能。

选用灭火设备需要考虑水箱、吊桶的载水能力、水炮的有效射程等技术指标，同时需考虑与地面或建筑顶层消防栓的匹配性，方便救援过程中快速取水。

救援运输设备主要包括电动绞车、索降装置、软梯和外吊挂系统等，能够提升直升机对起降场地的适应性，方便消防人员、灭火装备的快速送达。为便于直升机能够快速切换执行任务，选用的救援运输设备应能快速安装、拆卸。

侦察指挥设备主要包括热成像仪、夜视仪、超短波电台以及机载光电系统、图像传输系统、空中广播系统等设备，用于观察了解火灾现场，以便及时制定有效的救援方案。

目前用于城市消防救援的直升机以大型直升机（最大起飞重量大于 9080 千克）为主，执行灭火、救援任务；同时也常常会配备中型直升机（最大起飞重量介于 3180 千克~9080 千克）作为补充，执行侦察、指挥任务。目前使用较多的城市消防救援直升机有空客直升机公司的 EC225、俄罗斯直升机公司的卡－32、西科斯基公司的 S－70、卡曼宇航公司的 K－MAX 等型号，我国航空工业集团自主研制的 AC313 直升机也具备执行城市消防救援任务的能力。

直升机在城市消防救援中具有诸多优势，同时也存在较多现实问题。首先，城市消防救援是一项系统的、复杂的工程，需要政府、消防、公安、医院等部门以及通用航空企业协同作战，但目前我国航空应急救援体系仍不够完善；其次，城市中部分建筑由于年代久远，消防设施、顶层停机坪配备不完整，限制了直升机的使用；最后，城区高层建筑林立，地形复杂、人口稠密，对飞行安全有极高的要求，直升机在城市上空的飞行安全，以及直升机旋翼气流对火场的影响等问题，都是亟须攻关的技术难题。

二、森林航空消防救援

我国地域辽阔，森林资源丰富，按照国家林业和草原局 2021 年公布的数据，全国森林面积已达到 2.2 亿公顷。但我国森林资源分布广、面积大的现状也给森林消防工作带来极大的挑战，每年的春秋两季是森林火灾的高发季，频频发生的火灾每年都会导致巨大的人员财产损失。

森林航空消防救援是利用航空器对森林火灾进行预防、监控和扑救的一种手段。使用直升机进行森林灭火，可不受地形、植被、道路的限制，在短时间内可迅速飞抵火场上空，确定火场位置、观察火场态势、掌握火场环境，使火情更加清晰透明，为准确决策、高效指挥提供持续可靠的信息支撑。直升机已在我国森林防火领域得到广泛应用，是目前最为先进的灭火手段。

森林消防直升机具有载重量大、可空中悬停、性能稳定等特点，装配折叠式吊桶、机腹式水箱和索（滑）降器，采取自行吊桶取（排）水、悬停吸（洒）水、远距离供水、索降定点投放等方法，可使直升机直接作用于灭火行动，增强空中打击能力，增强灭火效果。对火线采取吊桶洒水的方法，沿火线喷洒，增大湿度、降低温度、减小火势，可为后续人力扑打和清理创造条件。

直升机不具备直接灭火作业条件时，可利用直升机空中悬停功能，将机载人员索（滑）降投放到火场，实施灭火行动。对火势强、热辐射高、人员难以直接扑打的火头，可采取直升机吊桶喷洒的方法降低火势，地面人员随机跟进扑救；也可用直升机洒水与地面森林消防车高压射水相互配合，直接扑灭火头，保护重点目标安全。

我国东北、西南等地区，林区面积大、地形复杂，居民区高度分散、人员稀少，植被种类繁多，生长茂密。林区内固定通信资源匮乏，有效通信手段单一，主要通信手段受地形和基站分布的影响，盲区多，难以实现全时通信保障。对于大规模灭火行动或重点灭火方向，可在直升机上安装短波、超短波和微波中继台，在灭火行动区域上空为灭火力量通信联络提供数据中转，实现通信联络不间断。

第四节　航空海上救援基本知识

航空海上救援是使用水上救护飞机、直升机对水上遇险人员进行救生和援助的活动，分为悬停救生和降落救生。悬停救生是由救护直升机悬停在遇险人员上空，放下救助设备，将遇险人员救上直升机；降落救生是由水上飞机降落在遇险人员附近水面，放出救生艇，将遇险人员救上飞机。

改革开放以来，我国海运发展的能力不断增加，海上运输的规模也不断扩大。随着科学技术的发展，海上救援技术也不断提升。提高海上救助效率，离不开海上救援工具的运用，使用水上飞机或直升机等救援航空器实施海上救助，具有行动迅捷、机动性强、视野开阔、搜寻范围大、救助成功率高等特点，是海上救助最高效的手段之一。鲲龙－600（AG600）是我国自行设计、研制的大型灭火、水上救援水陆两栖飞机，是目前世界在研的最大的水陆两用飞机（见图2.1）。

图 2.1　我国自行研制的大型灭火及水上救援水陆两栖飞机"鲲龙－600（AG600）"
（图片来源于中航通用飞机有限责任公司官方网站）

海洋面积辽阔，一旦发生海上事故，缩短救援时间就是降低财产损失和生命损失的关键。而水上飞机和直升机可以在高空飞行过程中观察到大范围的海上区域，通过俯视的角度清晰准确地观察到海上的各种情况，不受障碍物限制，极大地扩大了可救援的范围，较之其他海上救援方式有着速度上的优势，可以给被困者带来更多生存的希望。

在执行航空海上救援任务中，不仅有专业的航空器驾驶员搜寻被困者，在航空器中还配有专业的医疗设备和医护人员。这些专业的医疗设备和医护人员能在第一时间对遇险者进行治疗，必要时还可以进行简单的手术，极大地提升了遇险者生还的可能性。航空器还可以在第一时间将受伤人员送到最近的医院，这也极大地保证了被救人员的安全。

第五节　直升机飞行环境影响因素

最常用的应急救援航空器是直升机。直升机是依靠发动机驱动旋翼产生升力和纵、横向的拉力以及操纵力矩的航空器，不仅可以垂直起降、空中悬停，还可以做向前、向后、向左、向右的运动。在直升机飞行过程中，机内的环境因素如低气压、缺氧、颠簸等有可能造成伤病员病情恶化，也会影响飞行与救护人员的身体和心理状态。执行直升机救援任务的工作人员，不仅有必要了解直升机的结构、性能及其飞行原理、飞行管制和飞行保障的各种规定和要求，还应了解直升机特殊的航空医学问题，这对高质量、高效率完成救援任务具有非常重要的意义。

一、噪声、振动和颠簸

噪声主要来源于直升机的发动机及保证旋翼工作的传递系统，频率多为120Hz～140Hz，强度为110dB～115dB。噪声会干扰乘员的工作与休息，甚至对身体机能造成伤害，特别是造成听觉、中枢神经系统、心血管系统等的功能障碍。

直升机发动机的转动及飞行过程中飞机受到空气动力学的作用是飞机振动的主要来源。直升机的振动也比其他机种更为严重，其振动源以主转子叶片的旋转为主。此外，发动机、齿轮箱、传动系统和尾翼转子叶片也可产生较强的振动。一般直升机主旋翼桨叶引起频率为3Hz～12Hz范围内的振动，实际频率与桨叶数有关；尾桨的振动频率范围为20Hz～25Hz。

飞行产生的振动对人体的影响取决于震动的频率、振幅、速度、加速度、作用时间及人体的功能状态；如果其与人体器官的固有频率相近可引起共振，则对人体的影响更为严重。频率在12Hz以上的振动更多是对行为（视觉、语言）的影响。振动会引起视觉功能下降而影响操作。在振动中由于全身肌肉紧张度增加，音调增高，单字可辨率随振幅和频率变化而降低，给语言沟通带来了障碍和困难。

二、晕动病

晕动病是指人们在飞行过程中其前庭器官反复受到俯仰、侧滑、倾斜或上下运动等各方面力的作用，超过其耐受限度时，出现面色苍白、出汗、流涎、恶心呕吐等综合征的总称。其发病与人的前庭功能的稳定性、心理状态、健康状态以及气象条件、飞机性能、座舱内的温度、气味、飞行高度、飞行强度、一次性连续飞行的时间等多种因素有关。

晕动病对各种伤病情的影响，主要取决于各种不适症状的严重程度及其对伤病员原发性伤病的影响。

1. 窒息

昏迷、休克、上下颌用金属丝固定的颌面外伤伤病员及其他危重伤员，晕机引起呕吐时，由于口腔不能及时张开，呕吐物极易进入气管，有可能引起窒息，危及生命。

2. 失水、电解质代谢紊乱

晕机造成剧烈的呕吐，可使胃内容物大量丢失，频繁呕吐可导致伤病员的失水和电解质紊乱，酸碱平衡失调，如不能及时补充纠正，可导致休克，使原有的伤病情进一步恶化。

3. 消化道再度出血或穿孔

严重的溃疡并发消化道新近出血的患者，由于剧烈呕吐时腹压增高，导致胃壁强烈蠕动及收缩，会造成溃疡面及新近愈合的伤口再度出血，并会造成溃疡部位穿孔，引发急性腹膜炎。

4. 心脏病及肺部疾患加重

心脏病和肺部疾病患者，由于心肺功能受到一定损害，在高空缺氧及低气压的影响下已承受很大负担，若再发生晕机，频繁地恶心呕吐及恐惧感，会使氧耗量上升，使心肺负担进一步加重。冠心病患者会被诱发心绞痛，心衰患者会加重病情，肺部疾病患者缺氧更加明显，甚至造成呼吸衰竭。

另外，晕动病也会影响救护人员的救治效率。

三、低气压

航空环境中，随着飞行高度的上升，大气压力随之降低，在气体膨胀定律及气体溶解与扩散定律的作用下，会对机体产生更多的机械性影响。当环境压力降低时，人体含气空腔器官内的气体会发生体积膨胀，组织和体液中溶解的气体会游离出来形成气泡，甚至发生液体沸腾，从而导致机体发生各种功能障碍，甚至造成休克和死亡。膨胀的气体不能及时排出，会损伤内脏腔壁血液循环。压力夹板、抗休克裤等也会诱发相同的问题。

在直升机飞行中，低气压的主要影响是造成严重胃肠胀气。人的胃肠道在正常情况下含有约 1000ml 的气体，当飞行高度增加时，胃肠道内气体的体积就会随着大气压力的降低而膨胀。因此，对胃肠道贯通伤的伤病员来说，如果肠道内气体排出不通畅或者完全受阻，将会造成严重后果：如突然发生出血或穿孔，把粪便带入腹腔，造成急性腹膜炎而危及生命；近期手术的伤员，会因胀气使缝合部位或手术切口胀裂，甚至内脏脱出；消化性溃疡患者，会因集聚气体的膨胀，使急性溃疡突然发生出血或穿孔；肠梗阻、肠扭转、肠套叠及急性阑尾炎等患者，气体膨胀可使局部肠壁变薄，或影响肠壁的血液循环，有引起管壁破裂和穿孔的危险。

空中转运各种疝患者都是危险的。因此，如有可能，各种疝患者在飞行前必须进行复位或进行外科修补。

四、缺氧

高空缺氧是指人在高空环境中，由于吸入气氧分压的降低而导致的缺氧，所以高空缺氧又称低压缺氧或缺氧性缺氧。随着高度的升高，空气密度变小，气压变低，氧分压也相应降低。在 2000 米高度，通常会出现各种缺氧症状。

影响高空缺氧的因素，包括上升高度、上升速度、身体状况、舱体密封情况等。根据缺氧发生的高度、发展的速度、持续时间及对人体影响的不同，可将高空缺氧区分为爆发性缺氧、急性缺氧、慢性缺氧三种。

高空缺氧可引起呼吸加快、加深，导致肺通气量的增加，进而换气过度，造成血液中二氧化碳含量及其分压显著下降，从而引起呼吸性碱中毒。

心率加快是缺氧时最早出现的反应。在 2000 米左右的高度，即可出现心率加快。如果心率突然明显减慢，往往是人体循环功能衰竭的先兆，应立即给予氧气吸入或下降到 4000 米以下的高度。一般在 3000 米的高度，心输出量开始增加。身体锻炼有素的人主要是靠每搏输出量增加进行代偿，而锻炼不足的人主要是靠心率加快进行代偿。高空缺氧时，如果动脉收缩压下降，舒张压上升，脉压显著减少，则被认为是高空适应不良的表现。在 4000 米的高度，可观察到心电图开始改变。T 波倒置是心肌功能状态恶化的客观指标，是高空意识丧失的前驱变化。

直升机升限多为4000米~5000米，非增压舱飞机在3048米以下高度飞行时，氧分压仅有轻度降低。需要指出的是，即便是氧分压轻度的降低，对人体组织已适应了海平面高氧环境的伤病员却是危险的，尤其是贫血、肺功能下降、心血管功能障碍、器质性心脏病等患者易诱发并发症。直升机通常的飞行高度大多在2000米以下，故其缺氧防护问题并不突出，但因缺氧而导致飞行疲劳的发生率较高。

五、舱内微小气候变化

由于直升机多采用非密封座舱，舱内微小气候直接受外界环境影响，波动较大。在南方，当外界气温为25℃~30℃时，舱内温度可达28℃~34℃；而在北方，当外界气温为-50℃~-40℃时，舱内也会下降到-13℃~-9℃。此外，由于直升机座舱位于排气区，在低空低速飞行时，容易受到有害气体的污染。主要的有害气体为一氧化碳、二氧化碳、燃料蒸气及油料热分解产物等。因此，应注意解决直升机座舱的通风、隔热和保暖等问题。

此外，在无增压的直升机舱，相对湿度是随着直升机飞行高度的增加而下降的。舱内空气干燥，长时间可引起脱水。脱水将增加意识丧失或缺水伤病员的空中危险。气管切开或用口呼吸的伤病员需要潮湿的空气或氧气来保持呼吸道分泌液的正常湿度。对于昏迷伤病员，应使其闭眼，并用湿纱布覆盖眼皮，防止角膜干燥。

六、活动空间受限与疲劳

直升机空间小，伤病员活动空间受到限制，强迫性的限制性活动会造成心理焦虑、烦躁，再加上伤病情的影响，伤病员更易于疲劳。活动空间受限，也会影响医护人员救治作业，加重医护人员的疲劳感。

七、加速度

飞行中直升机会受到各种外力（发动机的推力/拉力、升力、重力/引力）的作用，使直升机的速度、方向发生变化，因而产生各个方向上的加速度。加速度使人体因惯性力的作用而发生一系列变化，主要的变化为组织器官发生变形或移位。但在直升机飞行过程中，这种作用通常不明显，主要是在转弯时可产生较大的侧向加速度。

八、电磁波干扰

直升机固有设备如发动机、机载雷达、通信设备等都可产生各种频率的电磁波，机载医疗设备如心电监护仪、除颤仪等也会产生电磁波，直升机固有设备和机载医疗设备产生的电磁波彼此干扰有可能会影响设备的性能和正常操作。尤其是大中型医疗设备产生的电磁波干扰可能会影响飞机的正常飞行，甚至会对飞行安全带来严重影响。因此在配置机载设备时，不能忽视电子设备的兼容性问题。

第六节　区域航空应急救援能力建设

航空应急救援能力是航空应急救援队伍能力、航空应急救援地面保障能力和航空应急救援指挥能力的综合体现。

一、航空应急救援队伍建设

目前我国航空应急救援队伍主要由军队、政府和民间三方面的航空力量组成。军队力量包括陆军航空部队、空军直升机部队等；政府力量包括国家应急管理部直属的消防救援和森林消防航空队、交通运输部救助打捞局飞行队、公安部警用航空队，地方政府力量是各地政府自建的航空应急救援队伍；民间力量则是由通用航空企业和部分航空医疗救护机构的航空力量构成。

区域航空应急救援能力建设应该满足区域地方政府航空应急救援行动需求和个体化的航空应急救援需求，根据区域特点建设不同种类的航空应急救援队伍，分别承担不同地区、不同场景下的救援任务。同时还要做好在战争时期被军方征调、接受指挥、投入救援和运送人员物资的准备。航空应急救援队伍主要包括但不限于以下类型：

表 2.2　航空应急救援队伍类型

队伍类型	职责
城市消防航空救援队	主要承担消防应急救援任务
医疗航空救援队	主要承担突发事件中伤员早期医疗救治、护送和危重病人转运等应急救援任务
危险化学品航空救援队	主要承担危险化学品突发事件应急救援任务
海上突发事件航空救援队	主要承担海上搜寻救助、海岛救援等海上突发事件应急救援任务
高速公路突发事件航空救援队	主要承担高速公路突发事件应急救援任务
森林防灭火航空救援队	主要承担森林火灾应急救援任务
防汛防台航空救援队	主要承担洪涝、台风等灾害应急救援任务
地质航空救援队	主要承担地质、地震等灾害应急救援任务
社会救援队伍航空救援队	主要承担平时配合机组开展协调训练，及临时机动应急救援任务
内河水域突发事件航空救援队	主要承担内河水域突发事件应急救援任务
电力电信航空救援队	主要承担突发事件应急处置电力电信保障任务

二、航空应急救援地面保障能力建设

航空应急救援任务的顺利实施离不开地面服务保障，所以地面服务保障能力也是航空应急救援能力建设的重要内容。依托国家重点研发计划"航空应急救援关键技术研究及应用示范"项目，通过研究，我们把航空应急救援地面场站划分为三个等级：区域航空应急救援中心、城市航空应急救援基地和片区航空应急救援起降点，并明确了各等级的建设要求及设施设备和人员配备标准（详见本书第 6 章第 1～2 节）。不同等级的航空应急救援地面场站，应分别进行相应的功能建设，以满足不同级别事件的救援需求，并由专业运营机构/企业在民航和政府部门的监管下负责机构的日常运行管理，承担组织救援力量、实施救援任务的职责。紧急情况下，直接由所在地政府的领导开展救援活动。区域航空应急救援中心应常备针对重大自然灾害及重大公共突发事件的救援物资、救援航空器和专业救援人员，并组织区域内航空应急救援队伍进行常态化训练；城市航空应急救援基地应常备针对中等及以下规模自然灾害或公共突发事件的救援物资、救援航空器和专业救援人员，并组织城市范围内航空应急救援队伍进行常态化训练；片区航空应急救援起降点可以不配置备勤航空器及无须安排住勤人员值守，但需要有管理机构负责起降点的日常维护，并在执行航空应急救援任务时能保障航空器起降。

区域航空应急救援队伍并非集中驻扎在区域航空应急救援中心或城市航空应急救援基地，而是将以上两地作为人员培训、物资存放和救援航空器维修保养的主要基地。根据区域场景的不同，将不同类型的救援队伍广泛布置在覆盖全区域的各级航空应急救援场站上，用以执行常态化备勤任务，并与区域和城市两级航空应急救援指挥中心时刻保持信息实时交互状态。如此才能使救援队伍做到闻令即动、精准出击，在最短时间内赶到现场实施救援，最大程度地保障人民生命和财产安全。

三、航空应急救援体系指挥协调机制

航空应急救援任务可分为平时、急时和战时三种状态，在不同状态条件下，应采取不同的应急救援指挥协调机制，以保证救援任务的顺利实施。

平时是指为满足个体救助需求由通用航空企业或航空医疗救护机构提供个体化服务，是由需求方主动提出救援需求，供给方进行评估并实施救援的一种商业化行为。也可采取由政府购买服务的方式，救援机构向社会提供公益性救助。在平时状态下，各级航空应急救援场站、救援单位按照运行规则进行常态化备勤、训练及实施救援任务，主要执行医疗救护任务和处理小规模事故或灾害事件。

急时是指某区域突发重大自然灾害或重大公共突发事件时，由政府部门主导的救援行动，是一种通过组织政府自有救援力量或征调民间力量实施救援的公益性行为。在急时状态下，各级航空应急救援场站和救援单位应接受所在地政府的介入指挥，集中救援力量处理重大自然灾害或重大公共突发事件。例如在 2020 年初的新冠疫情期间，就有多家国有和民营通用航空企业在当地政府的协调下，参与到紧急医疗物资的输送任务当中，有效缓解了地方医疗物资紧缺的问题。

战时是指在战争状态下，由军方主导的紧急救援及人员物资输送行为。在战争状态下，国家一切救援力量都要按照实际需要，接受军队和政府的领导，集中力量进行统一指挥、统一调度，形成以军队救援力量为骨干、政府救援力量为辅助、民间救援力量为补充的战时救援体系，以保证救援任务的顺利开展。

四、基于时间响应的区域航空应急救援体系布局

区域航空应急救援体系建设应该满足两个需求：一是满足区域政府航空应急救援行动需求；二是满足个体化的航空应急救援需求。前者是政府启动和实施的航空应急救援行动，后者是一种与政府无关的市场化商业航空应急救助行为。无论是前者还是后者，都应该由区域内统一的航空应急救援系统组织实施救援行动。

从国外航空应急救援体系建设和救援活动的开展情况来看，他们都有非常明确的目标：航空应急救援响应时间及覆盖范围（人群或地域），即在突发情况下，多大范围的人群或地域在多少分钟内可以得到航空应急救援服务，这是航空应急救援体系建设的始点和依据，也是实施航空应急救援实施活动的终点和实施效果的体现。借鉴国外的经验，我们提出一个基于时间响应的航空应急救援体系布局规划与建设的思路，在航空应急救援体系布局规划中，我们首先应该设定基于时间响应的航空应急救援体系规划建设目标。当然，在体系建设初期，可以考虑把目标设得稍低一些，比如 40 分钟响应、覆盖 80% 的人群，然后逐步完善体系、逐步提高标准以达到发达国家水平。在设定好区域航空应急救援体系建设的时间响应和区域覆盖指标后，再考虑常用或拟选直升机类型实施航空应急救援的有效半径，参照航空应急救援场站划分与建设标准，运用网络规划模型，我们可以计算出该区域应该建设多少航空应急救援中心、多少航空应急救援基地，以及在哪些地方建设航空应急救援起降点，然后根据各等级航空应急救援场站的设施设备和人员配备标准，我们即可估算出该区域航空应急救援体系能力建设需求，包括航空器数量、人员数量、起降场站设施、物资与装备需求。

第七节　航空应急救援装备与物资

一、应急救援航空器

航空应急救援需要配备的航空器类型包括固定翼飞机、直升机及无人机。其中，直升机是主力；大规模救援行动、远途伤病员及物资转运、大面积火灾灭火时会用到固定翼飞机；近年来无人机在航空应急救援中的作用越来越受到重视，并开始用于灾情监测、应急指挥、应急通信中继、高楼灭火等航空应急救援实战。应急救援航空器可以是专门为航空应急救援设计的专用航空器，也可以是通用型航空器。通用型航空器平时用于通用航空运输、低空旅游及通用航空一般性作业飞行，在紧急情况下用于航空应急救援，但并不是所有通用型航空器都能用于航空救援，只有那些能满足航空应急救援功能要求的通用型航空器才能用于执行航空应急救援任务，且必须能够通过快速的加改装，在较短的时间内把通用型航空器转化为应急救援航空器。区域航空应急救援中心、城市航空应急救援基地要常态化地配置备勤航空器，需配置的备勤航空器类型和数量根据设定的救援响应时间及该应急救援场站所覆盖的区域和人群来确定。

二、机载医疗装备物资

机载医疗装备物资是指必要的、基本的用于抢救、诊断、治疗、监测、转运和防疫的单独或组合使用的仪器、设备、器具、材料、药品或者其他物品。主要包括诊断和监测装备、抢救装备、搬运和固定装备、外伤装备、输液装备和其他装备。药品和物资装备是开展救护的物质基础，机上药品和物资装备的配备，应根据所执行的任务，使其具有针对性、灵活性和预见性，具体携带的种类及数量，根据任务特点由医护人员决定。

但所有的机载医疗装备须符合以下要求和配置原则：体积小、重量轻，装卸方便，便于携行；抗震动、抗信号干扰，不对飞行器产生电磁干扰；装备齐全，通用性强，适用于多种伤病的现场救治和转运；装备驱动源符合适航要求；鼓励将装备按功能模块化、集成化和整体化，减少散件携带量；为避免装备相关功能重复，鼓励优先配置具备多种功能的医疗装备组合仪器。

三、机载救援装备

航空应急救援不仅涉及伤员转运、生命体征维持等医疗操作，大多情况下，航空应急救援还担负着城市、山区等多地形人员搜索、人员救援等救援操作，因此除医疗装备外，还涉及多种直升机机载救援装备，普遍应用的有以下几种类型。

搜索装备主要包括：集成吊舱、探照灯、前视红外系统（FLIR）、声波生命探测仪、雷达生命探测仪、视频生命探测仪、红外生命探测仪、遥控式夜视仪、地形意识及告警系统（HTAWS）、喊话器与功放设备系统。

专业救援作业装备主要包括：成人救援吊带、儿童救援吊带、救援担架、救援吊篮、救生软梯、救生坐具、救援座椅、索降装置、消防吊桶。

导航装备主要包括：塔康导航系统、航向姿态参考系统、备用姿态指示器、雷达高度表、数字地图显示器。

定位设备主要包括：GPS、GIS、罗盘。

辅助装备主要包括：绞车、带测力计和反光镜的外吊挂、搜索灯等照明装备、供电设备、紧急返航信号灯、头盔、ACR 频闪灯、迷你闪灯、个人生存卤素灯、哨子、备用电池灯、标位器、信号弹、扩音器。

通信装备主要包括：无线对讲机、防爆对讲机、移动电话、卫星站、卫星电话。

四、地面物资配备

在航空应急救援场站部署中，片区航空应急救援起降点可不常态化地放置地面保障物资，但区域航空应急救援中心及城市航空应急救援基地应该常态化地放置地面常备保障物资，包括防护服、口罩、面具、头盔、鞋靴等防护用品，绷带、卡扣止血带、血压表、急救药械箱、脊椎固定板、体温计、呼吸机、监护除颤仪、吸引器、按压泵、担架等医疗用品，切割机、电锯、钢筋剪、千斤顶、绞车、安全绳、救生衣、救生圈、探照灯、手电筒、吊桶等救援用品。可以在航空应急救援场站建设或放置固定式、移动式的专门的救援物资库来储备上述物资，如果航空应急救援场站是部署在民航运输机场或通用机场，且机场内已有上述设施，则在机场运行与航空应急救援任务实施互不影响的前提下，可使用机场内已有的设施设备及常备物资。常备物资种类应能满足区域实施卫生应急、交通应急、消防应急、地震应急、厂矿应急、医疗救助等航空应急救援任务的需要。常备物资数量根据区域人口数量来配备，以区域总人口数量的万分之一作为基准数，然后根据物资种类和使用频率乘以相应的倍数，以此数量作为区域航空应急救援中心物资的最低配置要求。

第八节　航空应急救援的产业化与商业化

　　航空应急救援是社会公益事业，同时航空应急救援也是一个大的产业，而商业化是航空应急救援发展中必须要考虑和着力解决的问题，否则航空应急救援活动难以常态化开展、航空应急救援事业难以持续。

一、航空应急救援产业链

　　航空应急救援是一个综合性产业，其产业链涉及的行业门类及关联的资源繁多。总体来看，航空应急救援产业包括航空应急救援设备制造、航空应急救援运营及航空应急救援保障服务。首先，航空应急救援以航空器为载体并配备专业医疗救助设备，主要是以直升机为主的通用航空器，这就包括通用航空器的研发制造、配套航空器的专业医疗救护设备研发制造等，同时，航空应急救援的操作和运营也关联了通用航空机场、基地的运营；其次，航空应急救援需要专业的人员来执行，包括专业飞行员、救援操作人员、医疗急救人员等，这就涉及了航空应急救援相关专业人员的培训；最后，航空应急救援与保险及金融行业也紧密相关，目前，全球发达国家均能做到居民保险关联航空应急救援服务。航空应急救援产业链见图2.2。

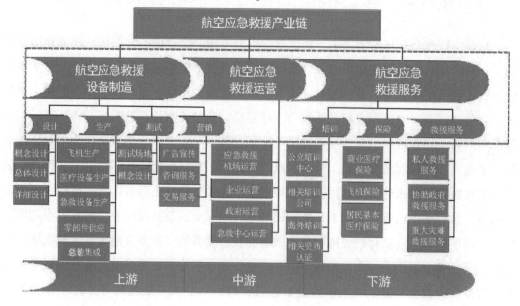

图2.2　航空应急救援产业链

1. 航空应急救援设备制造

航空应急救援设备研发制造是航空应急救援产业链的上游，主要分为三类：救援航空器、专业医疗设备、救援设备。

航空器是航空应急救援的载体。目前全球范围内用于航空应急救援的航空器主要有直升机、无人机、小型涡桨飞机及喷气式飞机等，具体使用情况根据不同国家的国土面积、人口密度及地形地貌等有所侧重，例如欧洲国家由于国土面积普遍较小，直升机是航空应急救援的主力机型，而澳大利亚、美国和加拿大等国土面积较大、人口密度低的国家，除直升机外，涡桨飞机和喷气固定翼飞机也成为航空应急救援和转运的主力机型。由于地形、基础设施等的限制，在固定翼飞机、直升机都不便起降和飞行时，无人机可派上用场。无人机主要用于应急救援事故的前期侦察，协助判定救援等级；小型涡桨飞机和喷气式飞机主要用于较长距离的城市间转移；直升机由于其优越的适应能力成为航空应急救援的主力。目前常用的直升机机型包括 EC135 直升机、EC145 直升机、贝尔 429 直升机、AW139 直升机。上述机型均产自国外，近几年随着我国通用航空产业的发展，国产直升机也开始涉足航空应急救援，如航空工业 AC311 直升机等，航空应急救援的发展有利于推动我国直升机研发制造业的发展。

航空应急救援医疗和救援设备是航空应急救援必不可少的一部分。一套完整的航空应急救援医疗和救援设备，主要包括：从侧门或后门置入的担架、呼吸机及固定架、心电仪及固定架、吸痰机设备、输液系统、氧气瓶及固定架、机顶轨道板、中央储物柜、医疗设备嵌板、前后舱照明系统、各种医疗座椅（固定 + 旋转）、EMS 电源供应系统、EMS 地面电源插座、牵引绳索、绞车等。上述设备的研发制造和采购是一个极其专业化的行业分支，因为航空应急和医疗救护的设备属于航空器加装设备，有些还涉及航空器的改装，所以世界各个国家都有严格的要求，需要通过航空管理部门的适航认证才可以装配，因此，对制造企业的资质和专业要求也较高，发达国家都有专业的航空应急救援设备研发制造企业，目前我国由于航空应急救援刚刚起步，主要设备仍依赖进口，还没有形成自主品牌。

2. 航空应急救援运营

航空应急救援运营也是一种通用航空飞行业务，而且往往是需要用高性能航空器、由经过专业化训练的机组来执行的一种更复杂、更专业化的飞行业务，所以，航空应急救援运营业务的价值含量较高，如果按照小时计算费用的话，航空应急救援飞行的小时费用远高于其他通用航空作业飞行的小时费用。发达国家的航空应急救援任务最初大多也是由军队来执行，后来随着社会经济的发展和行业分工的细化，尤其是保险行业的发展，航空应急救援开始出现由政府牵头、企业执行、保险公司和社会公益组织共同参与的发展模式，成为一种半政府公益化、半商业化的产业模式。目前国外航空应急救援的主要运营模式分为四种：政府运营、企业运营、民间公益组织运营、多类组织共同运营。其中政府运营主要以加拿大为代表，企业运营进行最好的是美国，以民间公益组织运营为特色的英国和瑞士每年都有大批公益基金用于航空应急救援，政府和民间组织合作运营的代表是德国。目前国内航空应急救援运营是由政府机构和通用航空公司共同参与，政府航空应急救援飞行队（例如交通运输部救助打捞局飞行队）提供的航空应急救援服务是公益性的、免费的。通用航空公司早期也是以免费的义务服务方式参与航空应急救援活动，近年来参与航空救援的通用航空公司从政府服务购买中开始获得运营经费，也有通用航空公司（例如金汇通用航空公司）开始尝试通过商业保险或会员方式获得资金。

3. 航空应急救援相关的服务业

与航空应急救援相关的保障服务业务主要包括：航空应急救援培训、航空应急救援保险、航空应急金融服务等。

航空应急救援服务的执行者是专业的救援人员和医护人员。航空应急救援培训也是一个大产业，一是培训受众面广，涉及飞行员、机上作业人员、医务人员、地面指挥及保障人员；二是培训内容多且专业性强，培训内容涉及国际国内航空法、导航学、气象学、飞行生理学、航空医学、直升机技术、驾驶舱管理、吊装吊运、地面运输、救援装备使用等等，且需要理论学习与实操实训相结合；三是需要进行经常性的培训，即除了初始培训，还要进行经常性轮训，以使航空应急救援人员保持随时能战的状态。我国航空应急救援培训资源严重不足，以至于相关单位往年都会花费不菲的资金派航空应急救援人员去国外参加培训，导致我国航空应急救援市场效应外溢。随着我国航空应急救援的发展，航空应急救援培训将会是一个很好的产业发展方向。

从商业化角度来看，在航空应急救援中保险公司的参与必不可少。航空应急救援相关的保险主要包括被救助者的航空救援方面的医疗保险，以及对于航空应急救援组织的相关保险。目前，国内市场上第一款航空应急救援保险是北京市红十字会与中国人寿保险在2014年10月28日推出的"空中紧急救援保险"。但是发展至今，市场上仍鲜见航空应急救援相关的医疗保险。在公费医疗保险中，仅有东莞等少数几座城市将航空应急救援服务纳入大病医保。相比之下，欧美发达国家早在20世纪70年代就开始出现航空应急救援服务，这些国家的企业会为员工特别是外派的员工购买相关医疗保险，如高端医疗保险等保障员工在遭遇紧急情况时能得到航空应急救援服务。

航空应急救援航空器往往都是高性能、高价值的航空器，所以航空应急救援航空器金融租赁是航空应急救援运营者喜欢采用的航空器获得方式，航空应急救援的发展也必将促进航空金融业的发展。

二、航空应急救援商业化

要考虑航空应急救援的商业化与产业化问题，尤其是通用航空公司参与的航空应急救援行动，如果不解决商业化问题，通用航空公司均以尽义务的方式参与，通用航空公司将难以为继，这是不可持续的。实现航空应急救援商业化、产业化的途径：一是政府救援行动可通过购买服务的形式，用商业化手段将通用航空公司纳入国家通用航空救援体系；二是商业化航空医疗救助，这是一种市场化消费行为，与保险相结合，投保人通过购买航空医疗应急救援保险的方式享受航空应急救援服务，出现情况时由通用航空公司实施航空救助，由保险公司向实施救援的通用航空公司支付费用。这样一来，投保人—保险公司—实施救援的通用航空公司就形成了一条商业化航空应急救援产业链。航空应急救援商业化与产业化是实现航空应急救援可持续发展的前提。

在航空应急救援商业模式上，可尝试采用以下模式：

1. 保险 + 航空应急救援

航空应急救援商业化的最佳途径就是与商业保险相结合，由保险公司与通用航空运营公司、医院进行合作，为客户提供紧急就医时的院前救援、院中转运、院后转送等空中救援服务。设立航空应急救援保险产品，使投保人、保险公司以及实施救援的通用航空公司形成一条商业化的产业链条。同时，国家可以通过保险补贴对投保人给予一定的保险费用支持。截至2018年年末，我国基本医疗保险已覆盖13.5亿人，受众面广，如果将航空应急救援与基本医疗保险相结合，将惠及更多百姓。当前，我国偏远地区、农村地区院前急救体系发展还不完善，交通事故、重急症病等意外事故救治不及时，迫切需要航空应急救援体系的建立。目前，东莞市已开展此类保障项目的推广，与中国人保财险合作，将直升机紧急转院服务纳入大病医保，凡拥有基本医疗保险的东莞市民，都自动拥有商业性的大病保险；山东省政府也拟将航空救援纳入城镇居民保险，从政府层面保障百姓的生命健康。

2. 政府采购 + 航空应急救援

政府采购 + 航空应急救援是指由政府向通用航空运营企业购买应急救援服务，在这一过程中，政府是采购者，通用航空运营企业是供应商。紧急事件发生时，由通用航空运营公司提供航空器和机组人员开展救援及转送任务。在此过程中，通用航空运营公司要拥有符合急救要求的航空器、机载医疗设备以及专业有素的救援人员，满足航空救援的需要。青岛市政府采用的便是政府购买直升机医疗救护服务的模式，通过公开招标的形式确定航空应急救援运营商，由航空应急救援运营商提供航空器、医疗设备及飞行组，由急救中心及三甲医院提供医疗组，由合作企业或政府负责通用航空机场、临时起降点等基础设施的布局及建设，政府为老百姓的院前急救及院间直升机转运服务买单。

3. 大企业采购＋航空应急救援

大企业采购＋航空应急救援模式与政府采购模式相类似，采购主体为大型企业，供应商为航空运营公司。采购模式可以是采购飞行小时数，作为企业员工的福利保障；也可以以航空救援服务会员卡的形式进行批量采购，作为销售手段赠予企业高端客户。

4. 会员卡＋航空应急救援

会员卡＋航空应急救援类似于以"众筹"方式解决航空应急救援商业化问题。即以普通老百姓可以接受的价格向大众出售航空应急救援会员服务卡，薄种广收，通过海量会员缴纳的巨额会员费来支撑航空应急救援业务的开展。从技术逻辑上看，这条路可以走通，因为在海量会员中出现突发情况、需要航空应急救援的毕竟是少数。这种商业模式成功的前提是必须吸纳"海量"的会员，但也正是因为会员的"海量"，给航空应急救援系统的建设及航空救援任务的有效实施带来了挑战，因为收取会员费后就必须要实现对会员的航空应急救援服务承诺，包括令会员满意的航空应急救援响应时间及覆盖区域，这将给航空应急救援体系建设、运营能力建设及运营执行效率带来巨大的挑战。

第三章 安全教育

第一节 直升机安全基础知识

直升机以其良好的悬停能力和对起降场地较低的技术要求，成为航空应急救援行动中最常使用的航空器，是第一现场救援的绝对主力；同时也是需要地面及乘机人员掌握安全注意事项最多的救援运输工具。在执行航空应急救援任务时，所有参与救援的地面和机上人员都必须掌握必要的直升机安全知识。

一、认识救援直升机的外形

救援直升机一般是由中型及以上多座直升机按照航空救援直升机的座舱布局和设备搭载要求改装而成，通常的外形如图3.1。机身涂装可能采用专用的救援直升机涂装，也可能由通用航空公司的通用直升机未进行专用涂装而执行航空救援任务。

图 3.1 救援直升机外形

（图片来源于北京999）

二、了解直升机的危险区域和相关部位

直升机的安全区域与其构造和飞行原理密切相关，以下部件工作区最容易产生安全问题。

主旋翼。主旋翼桨翼非常柔软灵活，阵风、飞行控制位置和地面坡度等因素都有可能影响桨翼下垂旋转，特别是在直升机前部，在许多情况下，旋翼的尖端可以低到一个人头部的高度。

尾桨。在直升机尾部，尾桨的旋转速度比主旋翼快得多。尾桨处于高速旋转状态时，会导致视觉错误，使得尾桨不容易被看见。

发动机。发动机的进气口会吸入大量空气，也会吸入轻质物体。排气管道在发动机后部，会排出非常热的气体。

噪音。发动机和旋翼产生相当大的噪音，要尽可能保护好耳朵。

气流。即使直升机不在飞行中，旋转的旋翼也会使直升机周围产生一些气流，这些气流仍然可以吹移周边较轻的物体。

直升机一般有两个旋翼，即主旋翼和尾旋翼（共轴双旋翼机型无尾旋翼），在紧急情况登机的时候，一般是处于转动状态。其中，主旋翼离地面最低可至180厘米，尾旋翼最低时仅离地面70厘米，它们对登机人员的安全构成了极大的威胁，绝大部分事故来自尾旋翼。主旋翼叶片在低转速下会下垂，因而登机时需要低头并禁止举高双手或跳跃；尾旋翼在旋转过程中难以看见，且旋转速度快，极具伤害性，因而禁止人员靠近直升机尾部。通常，我们把直升机周边区域分为：允许区域、最佳区域和禁止区域，如图3.2所示。

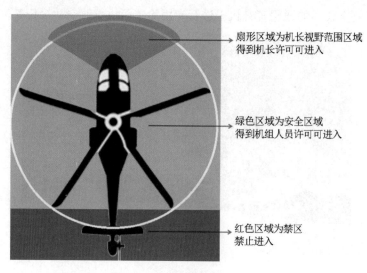

图 3.2 直升机起降过程中的禁区和安全区示意图

直升机上还有其他部件在运行中会产生人身伤害风险。直升机的引擎排气温度很高，旋翼下洗气流会将热空气甚至尾焰向下吹散，因而直升机的尾部为禁止进入区域。此外，直升机的某些部件容易损坏，如无线电天线、皮托管等，且皮托管加热开启会很烫，所以不要触碰这些部件。同时应该远离直升机的天气雷达，以防雷达开启时的辐射影响人体健康。

　　如果是高架直升机平台（屋顶或直升机甲板），在机长发出登机信号或离机信号前，不要靠近平台或自行离机。

　　如果起飞点或着陆点位于山上或有坡度的地面，乘客不应在坡高的一侧接近或离开直升机，避免旋翼与地面间隔最低的区域，要从前方而绝不能从尾部靠近直升机，如图3.3所示。

图3.3　直升机着陆在有坡度的地面时离机的正确方向
（图片来源于中国民航局飞标司《直升机安全运行指南（咨询通告)》）

三、熟悉直升机

　　机组人员都应该了解和熟悉所使用的航空器，了解航空器的飞行特性和配置。通常需要了解和熟悉的内容包括：

　　（1）应急门、窗等安全出口的位置；

　　（2）灭火器等消防系统的位置和使用方法；

　　（3）应急定位发射机、水下空气供应和无线电等直升机应急逃生设备放置地点及使用方法；

　　（4）燃油、氧气、电力应急切断阀等的操作方法。

　　对上述设备的了解，实际上是对座舱资源的学习，以了解和认识飞机、人员、任务和环境。在事件发生之前、期间和之后，这些信息和知识都是非常有用的。

　　除座舱资源外，乘机工作人员还应尽可能熟悉当地地形、地标和气候条件，能够阅读航空地图，使用指南针和全球定位系统（GPS）导航组件。

四、直升机主要的机载安全设备

承担航空应急救援任务的直升机，除装备救援绞车和吊具、机载生命保障系统和医疗担架等救援装备外，还需要配备保障乘员安全的基本安全设备，最常用的包括安全带、隔音器（耳罩）等，此外还要指定应急窗口等。

1. 安全带

直升机的每个座位都配有安全带，安全带要自始至终系好。收紧安全带后，要把其余的带子别好，以便逃生时容易打开安全带。如图3.4所示。

图3.4　两种常规的直升机安全带

2. 防噪声耳机

直升机的每个座位都配有防噪声耳机。戴好防噪声耳机，可以避免直升机噪声对听觉系统造成伤害。如图3.5所示。

图3.5　直升机耳机（通话、防噪音）

3. 救生衣

直升机上的救生衣均为充气式，一般放置于座椅下，呈折叠状态，体积较小，在紧急状况下取出并且穿戴好。注意机舱内严禁给救生衣充气，否则容易因体积膨胀而逃不出安全门或者被划破而失去浮力功能。如图3.6所示。

图 3.6 直升机救生衣

4. 应急门窗

直升机上所有的门窗都是应急门窗，玻璃都是由应急玻璃制成。应急门窗的抛放开关一般由一个开关和一个保险组成，在开关下面有图示说明。如图3.7所示。

图 3.7 直升机应急舱门

5. 救生筏

从事海上飞行的直升机一般都配有两个救生筏，它的功能结构及使用方法与平台船舶所配置的救生筏是一样的。它放置在飞机内紧靠门窗的位置，飞机上有明显的救生筏抛放装置开关。如图3.8所示。

图3.8 直升机救生筏

6. 机舱灭火器

机舱内一般配有两个小型的手提式灭火器，用来扑灭机舱内的小型火灾。如图3.9所示。

图3.9 直升机灭火器

7. 保温救生服

一般在水温低于10℃的海域飞行时，直升机上必须配备供机上所有人员使用的飞行救生服。这种救生服的特点是轻便且容易穿着，穿上后，两条袖子可先挽起。在水中，它具有一定的保暖作用。如图 3.10 所示。

图 3.10　直升机保温救生服

（图片来源于 https：//uk. leonardocompany. com/en/people-careers/career-areas/helicopter-careers）

五、直升机启动阶段注意事项

直升机在启动时会产生强烈的下洗气流，而且转动的旋翼和尾桨会对周边的人员产生安全威胁，因此直升机启动阶段需要注意以下几点：

（1）直升机启动前，最好对风停放，并确保解除旋翼系留，发动机进气道、尾喷管等所有堵盖。

（2）直升机启动前，机组人员应确保直升机周围区域内没有任何散落的工具、杂物或其他可能被下洗气流吹动的物体，并保证旋翼下方和尾桨附近没有任何人员。

（3）在启动过程中，机外任何人员都不应处于旋翼旋转面下，并且远离尾桨。

（4）启动过程中，建议有一名经过培训的人员在外部监视直升机的启动，确保直升机启动一切正常以及发生不正常情况时能做出相应处置。

（5）机外直升机启动监视人员的站位，应背风站立，面对直升机前部，绝不能脱离飞行员的视线。

（6）监视人员和机组人员都应熟练掌握直升机手势信号，如有可能，地面监视人员应配备无线电耳机，保证监视人员和机组人员双向交流的畅通。

六、在直升机周围工作时注意事项

（1）不要以为熟悉直升机，就可以进入直升机区域并在直升机区域内工作，即使直升机的旋翼已经停止转动，也要听从机组人员的指示。

（2）在直升机周围，无论旋翼是旋转还是静止状态，尽量不要跑动，要保持冷静。如果有必要，迅速完成要做的事情，但要始终控制自己的行动。

（3）接近或离开直升机时，要从直升机和旋翼下方前向圆盘区域进入或退出，直升机机身中线左右45度的区域是首选，在进舱或出舱前一定要看机组人员。

（4）不管直升机有多大，习惯每次进出直升机时低下头。

（5）在发动机启动或关闭过程中，由于缺乏离心力，旋翼会在较低的高度下垂旋转，此时禁止进入或退出直升机，直到旋翼完全水平旋转或完全停止。

（6）直升机的尾部禁止任何人进入，因尾桨非常危险。

（7）即使旋翼停止转动，直升机也可能对不熟悉它的人造成危险。人员在直升机周围移动时也可能造成直升机损坏。如果从一边走到另一边，即使绕道也尽量走直升机的前面，不要从尾梁下通过。

（8）在直升机周围走动时，要远离机体构件。否则突出的传感器或其他部件可能会碰伤人或被损坏。所有车辆必须停在旋翼盘外侧，缓慢接近直升机。所有不是作业必需的人员应当远离直升机。

（9）禁止在直升机附近吸烟，即便是在引擎关闭的情况下。因为直升机载有易燃助燃物质，如燃料、机油、氧气等。

第二节　直升机乘机安全

根据民航局发布的《直升机安全运行指南 AC – 91 – FS – 2014 – 22》，结合通用航空公司在实际运行中的安全规范，下面对直升机乘机安全注意事项，从登机前、登离机时、飞行中三个环节进行讲解。

一、登机前的安全要求

（1）患有心脏病、高血压、严重恐高症和严重晕机病等疾病的人员不得登机工作；减压病、动脉气体栓塞、未缓解的嵌顿性疝气等患者禁止登机。

（2）登机工作人员及被救患者，禁止随身携带任何有潜在危险的物品和危险品登机，具体包括：

①枪支、军用或警用械具类（含主要零部件）。包括：军用枪、公务用枪（手枪、步枪、冲锋枪、机枪、防暴枪等）；民用枪（气枪、猎枪、运动枪、麻醉注射枪、发令枪等）；其他枪支（样品枪、道具枪等）；军械、警械（警棍、军用或警用匕首、刺刀

等）；以及国家禁止的枪支、械具（钢珠枪、催泪枪、电击枪、电击器、防卫器等）。

②爆炸物品类。包括：弹药（炸弹、手榴弹、照明弹、燃烧弹、烟幕弹、信号弹、催泪弹、毒气弹和子弹等）；爆破器材及物品（炸药、雷管、导火索、导爆索、非电导爆系统、爆破剂等）；烟火制品（礼花弹、烟花、爆竹等）；以及上述物品的仿制品。

③管制刀具。

④易燃、易爆物品。包括：氢气、氧气、丁烷等瓶装压缩气体、液化气体；黄磷、白磷、硝化纤维（含胶片）、油纸及其制品等自燃物品；金属钾、钠、锂、碳化钙（电石）、镁铝粉等遇水燃烧物品；汽油、煤油、柴油、苯、乙醇（酒精）、油漆、稀料、松香油等易燃液体；闪光粉、固体酒精、赛璐珞等易燃固体；过氧化钠、过氧化钾、过氧化铅、过氧乙酸等各种无机、有机氧化剂。

⑤毒害品。包括：氰化物、剧毒农药等剧毒物品。

⑥腐蚀性物品。包括：硫酸、盐酸、硝酸、有液蓄电池、氢氧化钠、氢氧化钾等。

⑦放射性物品。放射性同位素等放射性物品。

⑧其他危害飞行安全的物品。如可能干扰飞机上各种仪表正常工作的强磁化物、有强烈刺激性气味的物品等。

（3）登机工作人员和被救患者，登机时禁止穿戴和使用帽子、丝巾等易飘落、易缠绕衣物，以防吹落后影响飞行安全。

二、登离机时的安全要求

乘客登机前，地面保障人员或机组人员应确保所有乘客都熟知如下登、离机安全注意事项，并在专人监视下完成登、离机：

（1）必须从安全区上下直升机，远离直升机尾部，从侧方或前方接近或离开直升机，但绝不能离开飞行员的视线。

（2）到达主旋翼之前及在主旋翼下行走时应采取低伏姿态，登机时禁止举起双手，禁止跳跃，如图3.11所示。

（3）扶住帽子和其他不牢固的物件。不要举起手去抓或追赶被风吹走的帽子或其他物件。当乘客携带物品或工具时，应以水平方式持拿工具，工具高度应低于腰部（绝不能将工具立起或使其高度过肩），如图3.12所示。

（4）直升机落地后，经机长允许后方可离开直升机，且要牢记从安全线路离开飞行区域。

（5）禁止接近直升机中后部，禁止接近尾桨。

图 3.11 正确抵近直升机的姿势（低伏姿态）

（图片来源于中国民航局飞标司《直升机安全运行指南（咨询通告）》）

图 3.12 手持工具正确抵近直升机的姿势（工具低于腰部）

（图片来源于中国民航局飞标司《直升机安全运行指南（咨询通告）》）

三、飞行中的安全要求

（1）禁止在直升机内吸烟，禁止擅自空投物品，禁止自行开、关舱门。

（2）在飞行过程中，不要离开座位，扣紧肩带和安全带并熟悉其使用方法，戴好听力保护器。

（3）除因救援需要而由特定人员执行的医疗与飞行人员交流外，禁止干扰驾驶员操作，禁止随意敲击舱内设备。

（4）确因救护需要时，医护机组负责人可与飞行机组沟通飞行路线及高度等；如遇事关飞行安全的紧急情况，医护机组须服从飞行机组指令。

四、直升机乘客登离机步骤

（1）乘客接受安检人员的安全检查。

（2）安全检查结束后在安检区对乘客讲解航空器周围不得触碰物，如：天线、测风器、尾鳍等。

（3）登机前由机组人员向乘客讲解飞行中的注意事项以及特殊情况的处置方法（包括救生衣的使用、迫降时采取的保护姿势等）。

（4）乘客登机前，地面保障人员或机组人员应确保所有乘客都熟知登、离机安全注意事项，并在专人监视下完成登、离机。

（5）登机时由机组人员指导并协助乘客使用座椅安全带、机内耳机等。同时，地面安保人员守在航空器周围，不得让闲杂人等靠近航空器。

（6）乘客登机后做好飞行准备。安保人员抬起双臂、平行、弯腰、低头开始往后退，退至以航空器为中心半径为 15～20 米的圆圈以外。此时圆圈中不应该有任何人员。

第三节 直升机上的防护与生存装备

一、常态防护装备

1. 制服

制服可用诸如诺梅克斯等防火材料。阻燃材料不能长时间暴露在火中，但可为快速逃离提供足够的时间。天然纤维衣服应该穿在阻燃制服的下面或最上面。为了使皮肤和制服之间留有空隙，制服应该是宽松的。袖子用于保护手臂，在飞行过程中不应该卷起。制服上具有反射功能的统一标记对于 EMS 功能来说是很重要的。

2. 头盔

头盔可以防止头部受伤，头部受伤是飞机失事中最常见的致残和致死的原因。航空医务人员主要在飞机后部工作，头盔可提供听力保护和对大脑的保护，在飞机坠毁时使用头盔可保护头部。上面提到的所有头盔都集成了遮阳板，使眼睛不受灰尘和碎片的损害。对在直升机坠毁过程中所穿的军事装备的检查表明，防护服可以提供实质性的保护，使人员免受严重的面部伤害，降低死亡率。显然，拥有头盔并且掌握其正确使用方法至关重要。

3. 靴子

救援和航空环境对鞋类穿着也有要求。在腿部和脚趾处带有钢板的高筒靴，可防止受到玻璃和金属碎片的伤害。皮革是阻燃的，在寒冷环境下，还能保暖。

4. 单独的听力保护设备

航空环境很嘈杂。随着时间的推移，听力损失发生在未受保护的暴露个体中。如前文所述，头盔可以提供听力保护。除头盔外，戴在头上的"耳套"式保护器可覆盖每只耳朵，也可以提供很好的保护，而且经济实惠。入耳式耳塞也可起到一定的保护。泡沫入耳耳塞的保护效果虽然远不如头盔或耳套，但非常便宜，便于携带。

二、意外生存装备

许多机组成员不切实际地认为，只要通过手机、无线电通信设备打一通电话，他们就会在紧急情况下获得救援，但事实却并非如此。恶劣的天气、偏远的地理位置、复杂的地面环境都有可能阻碍呼救联络及阻碍搜救队伍及时抵达事故现场，所以需要有求生装备维持生命。直升机上的生存装备可分为飞机上的装备和个人装备，此外还有逃生后的漂浮装置等。

1. 机上装备

飞机上的生存装备应至少能维持 48 小时的使用需要，装备备置种类由所使用地区的地形和气候决定，包括但不限于：

备用服装、食物、遮蔽物、急救包、手持无线电、应急定位标、饮用水、漂浮装置。

2. 个人生存装备

个人生存装备应当使用紧凑、防水的容器随身携带，包括：

刀、打火工具、塑料袋、毯子、鱼钩、镜子、哨子、针线包、净水药片、集水器、中暑药等。

3. 个人漂浮装置

个人漂浮装置应当可以通过手或嘴进行膨胀，并且在未膨胀状态时体积要足够小，从而不妨碍组员的工作。应当谨慎使用以确保个人漂浮装置在与水接触时不会自动膨胀，以防机组人员在飞机坠水情况下被装置膨胀后产生的浮力顶压在天花板或地板上。

第四节　直升机陆地迫降/坠机

所有乘机工作人员和地面保障人员都必须了解如何应对迫降和坠机事件并掌握相关的操作流程和规范。了解飞行事故处置顺序和过程可以帮助机上人员在紧急情况下提高其生还可能性。

一、事故预警

当直升机的飞行处于不正常状态时，机长应当及时通过广播或手势通知乘客，尽可能告知机组人员及乘员可能出现的情况以及如何做好应急准备，以便机组及乘员做出适当的反应。机长告知内容包括事故的性质、是否涉及火灾、事故严重程度、事故可能造成的后果、机组和乘员的职责、需要执行的任务和应采取的行动。

通常情况下，机长无法提供如此广泛的信息，组员们必须尽一切努力保持冷静，尽量不要占用对讲机或无线电提出非必要的问题或进行不必要的对话。空中医疗小组应当听从飞行员的指示并提供所需的协助，这可能包括协助确认紧急情况检查表、协助确认当地的地标及地图定位或协助进行无线电通信。组员应当确保所有的设备和其他松散物品的安全，紧急情况下预估坠机点。

二、迫降前准备

（1）取下眼镜、重靴、松动的假牙和任何锋利的物品，这些物品在直升机迫降时可能导致人员受伤。

（2）查看应急门窗开关。

（3）做好保护姿势。当乘坐姿势与飞机飞行方向相同时，可采用避免直升机迫降时被可能发生的打击物打击的姿势，弯腰双手抱膝，尽量将身体抱成一团，减少身体面积；也可采用保护姿势，一手抓牢反向肩膀，将头搭在手臂上，护住面部，另一只手撑住反向膝盖，身体向前倾；当乘坐姿势与飞机飞行方向相反时，应双手扣住平展，放在头后的枕部，身体挺直，后背部紧贴椅背。

飞行员应该将头盔面罩放下，把飞行服的袖子放下来，安全带也要固定好。所有乘机人员应该找到一个预先计划好的手位参考点，在坠落飞机停止剧烈运动后，应当能根据手位参考点辨认出口位置，这将使你能够快速地离开飞机，并减少混乱情况发生。

三、直升机的状态

出现事故时直升机可能有三种状态：俯仰、横滚或绕重心旋转。由于这三种状态都有可能造成直升机的剧烈运动，机组成员应当系好安全带，并手把一个固定的参考点。

四、冲击

直升机坠地时会产生冲击，冲击的类型主要有滚动、滑动和平坠。冲击的类型和严重性由许多因素决定，直升机的姿态、速度、设计和控制以及地形、地理情况都会影响到冲击力度及其后果。直升机坠地的姿态和速度很大程度上取决于飞行员的控制能力。直升机撞击产生的能量通过机身的破坏部分被吸收，类似于汽车的"褶皱区"。直升机的蜂窝状设计和吸能座椅有助于降低冲击力。个人的位置和姿势也有助于降低冲击力所带来的受伤害程度。

在直升机坠地的过程中及坠地后，直升机残骸、灰尘、水和燃料会飞来飞去，形成漂浮物，能见度会迅速降低，机组及乘员须按照事先计划好的手位参照点来引导逃离。要等到飞机停止剧烈运动后才开始撤离，否则可能会受到二次伤害。撤离时要先拔掉通信线、解开安全带，然后离开。撤离后应在指定的地点集合——通常飞机的 12 点方向是合适的集合位置。为了安全撤离，飞行员有必要关闭飞机引擎、关闭燃料阀及关闭电源。仍在工作的发动机可能会对人员构成危险；如果电池没有被关闭，电路可能会点燃在碰撞过程中溢出的燃料；飞行员有可能丧失行动能力，所以机组其他人员也应该熟悉关闭飞机的程序。

如果直升机坠落水面，逃离程序基本上是一样的。等到飞机的所有剧烈运动停止、水流平缓后再松开安全带，并试图离开。如果过早解开安全带，可能会导致水流将机组人员卡压在飞机或飞机残骸上。个人漂浮装置的充气应在人员离开飞机后进行，过早充气可能会把人卡困在飞机中。如果预计飞机会沉没水中，机长可以指示打开或抛弃舱门。情况允许时，直升机飞行员也可以选择在接近水面的上空盘旋尽可能长的时间，让机组成员及乘员跳入水中，然后尽可能将飞机飞向远处。

五、救援

在发生事故后的救援过程中，首先要清点所有的机组成员及乘员。所有人都应该对受伤情况进行自我评估，并相互评估，需要紧急救治且在能够自救及相互救治的情况下，应立即确认并进行治疗。不断恶化的伤情会让整个团队士气低落。所有人员撤离飞机后，由机长决定是否和何时安全地返回飞机，并对飞机受损情况进行评估。如果飞机被认为是安全的，则必须评估和确定哪些资源是完好的并可用于救助。首先要重点评估和抢修无线电系统和工作人员携带的任何便携式无线电设备或电话，以便与救援机构和人员进行通信。如果通信设备可以使用，则应该每 15 分钟关闭或重新启动航空信标（ELT）或船用信标（EPIRB），这样可以节省电池，延长通信系统和设备的使用时间。应持续发送求救信息，即使没有应答。同时要保持冷静、耐心和客观，这样会大大提高救援成功的可能性。为这些不幸事件所做的准备，将有助于搜救工作的展开。

六、积极态度

机组成员的态度可能是幸存的关键因素。如果坠机事故不幸发生，最好的心理状态是意识到"灾难已经发生了，我们已经坠机了，现在就克服它"。必须保持专注，保持良好精神状态，因为这是最有价值的工具，是可以通过训练得以提升的能力。个体的态度和行动会影响整个团队，抱怨、挑剔、生气或沮丧都会在其他机组成员中引发类似的情绪，削弱清晰思考和做出理性决定的能力。在成功有效的应急情况处置案例中，我们发现，预先分配任务、确定任务优先级、协同作战是取得成功的关键。与其坐视与放弃不如积极行动，力量、意志、团结、信心、行动能带来奇迹。

七、陆地迫降的紧急应对程序及注意事项

当直升机准备陆地迫降时，主要的危险是火灾，所以迫降后应尽快安全地疏散机上所有人员，如有必要则应打开全部应急出口帮助人员快速疏散，迫降程序如下：

（1）听从机组人员指令。一旦出现故障或其他原因，不要惊慌失措，要信任机组人员，服从命令听指挥，并积极配合进行救护工作。

（2）迫降时立即取下身上的锐利物品，穿上所有的衣服，戴上手套和帽子，脱下高跟鞋，以防冲击时受到身上锐利物品的伤害。

（3）做好准备迫降的保护姿势。

（4）飞机未触地前，不要过分紧张，以免耗费体力。在飞机触地前一瞬间，应全身用力，憋住气，使全身肌肉处于紧张对抗外力的状态，以防猛烈的冲击。

（5）采取防烟雾措施。当机舱内出现烟雾时，一定要使头部处于可能的最低位置，用湿手绢或湿衣物捂住口鼻后再呼吸，弯腰或爬行至出口。

（6）飞机迫降后，在没有得到命令前，不要试图打开应急出口。当飞机发生比较严重的撞击后，能逃出冒烟飞机的时间窗口不到200秒。一旦飞机迫降受损，应尽快走向安全出口，或者走向有外部光亮的裂口，快速远离飞机。如果发现紧急出口已经起火或被浓烟包围，就要向着有光亮的地方跑。黑暗中，有光的地方往往就是逃出飞机的通道。

（7）迫降成功后，所有人员应听从机组人员统一指挥，如机组人员不能履行他们

的职责时，则指定一位成员进行指挥，并把所有人集合在一起，如有伤员，应首先进行救治处理。在确认飞机安全的情况下返回飞机寻找救生工具，并找好避难所和制定等待救援的下一步计划。

第五节　直升机水面迫降

一、水面迫降成功后的逃生

直升机迫降于水面的逃生概率相对较大，当直升机成功迫降到水面时，应在飞行员的指挥下抛放救生筏，机内人员有组织地撤离到救生筏上等待援救。但在迫降成功后仍然有很多注意事项：

（1）应当在直升机螺旋桨完全停止后才能抛放救生筏。

（2）用力拉动救生筏上的绳索，使救生筏充气。

（3）机内人员不要擅自往飞机的某一侧移动、要保持直升机的平衡，有组织地直接撤离到救生筏上，如无必要，不要跳入水中。

二、水面迫降不成功后的逃生

如果直升机迫降不成功，机舱内可能很快进水。由于直升机的重心在飞机顶部，当水进到一定程度的时候，直升机很快就会翻覆。直升机是由于重力不平衡而翻覆的，因此通常会导致翻覆180度。这个过程很短，可能只有10多秒。对于乘机者，只要保持冷静，按以下步骤行动，就很容易从翻覆的机舱内逃生。

（1）保持冷静，才能准确无误地完成逃生动作。

（2）一只手抓住身边的应急出口的门框边。记住，手抓住的点，是你逃生的唯一参照物，不管直升机从哪个方向翻覆，都要与直升机同步翻覆，只要从抓住门框位置出去，就能逃出机舱。因此，无论在任何情况下都不能松开抓住门框边的手。

（3）另外一只手抓住安全带开关，逃离机舱时，轻轻地打开安全带。记住，要把开关打开到最大的角度。

（4）当水淹到你的口鼻前，深吸一口气，然后把头埋在水中。

（5）在水中，一定要睁开眼睛，海水对我们的眼睛是几乎没有伤害的。

（6）当直升机翻覆完毕后，眼睛先看抓住门框边的手，然后打开安全带，用手轻拉门框，两脚并拢，你就很容易逃出机舱。（提示：人在水中钻过一个很小的洞，要比在陆地上容易得多，因为在水中我们不需要克服重力）。

三、水面迫降的注意事项

如果机长警告直升机即将水上迫降，或者已经发生事故，机上所有人员必须做好以下准备：

（1）接受事故事实（保持冷静）。

（2）在下沉前好好呼吸，入水、沉入水下前保持呼吸。

（3）预测并为突然的下沉和翻转做好准备。

（4）检查逃生路径。

（5）回忆舱门打开方式，确定舱门打开位置的参考物品，确定舱门紧急抛放把手的位置和参考物品。

（6）等水灌满驾驶舱（内外压强一致）时，打开舱门逃出。

（7）如果穿戴救生衣，检查救生衣的水密性。

（8）如果穿戴救生衣，检查触发装置，只有逃出直升机后才可以充气。

（9）当直升机即将坠入水中的结果不可避免时，一定要冷静冷静再冷静！这样才能更好地为逃生做好准备。

第六节　坠机/迫降后的生存要素

一、坠机后

坠机或迫降后的第一项任务是进行评估。从机组成员开始，进行受伤情况评估，直到所有组员和乘员都被完全检查评估。一旦所有的受伤情况得到确认和妥善处理，机组人员必须单独和集体地清点、收集所有资源，而且必须尽快完成，因为一些资源可能会被损毁、成为无法使用的资源。机组人员应在确认飞机安全后再返回飞机。如果发生火灾，要等到飞机冷却后再返回飞机。意志是求生中最重要的资源，应对危机后的压力需要敏锐的头脑、坚定的信心和坚持不懈的态度。同时要尽快回忆和推演平时接受应急救援培训时获得的知识和处置演练场景。

二、资源

每一种求生场景都会产生对不同资源的需求。然而，有些资源应该被视为优先需求物资及事项，这些资源按重要程度可进行如下排列：水、火、避难所、食物、信号装置、导航等。

三、野外求生技巧

1. 辨认方向

在野外对方向的辨认通常比较困难，没有城市中正南正北的道路及标志物，想辨认方向只能通过大自然的一些规律和指示。如树木基本都是朝有阳光（朝南）的方向生长，由此来辨别南北；也可以通过观察树木的阳面和阴面，阴面（朝北）一般都会有苔藓；冬天可以借助雪的融化辨别方向，晚上还可以利用北极星辨别方向（此方法适用于北半球中高纬度地区）。

2. 学会做标记

通过在树上或其他东西表面留下能够识别方向和走向的标记，来指引救援搜寻人员。很多野外环境如茂密的树林，具有迷惑人的作用，做好标记一方面避免在同一个地方兜圈；另一方面也会帮助搜救人员锁定搜救范围。

3. 学会生火

当短期内无法逃出野外，就要学会生火，火可以驱赶野兽、取暖、烤熟食物并可作为求救信号，作用非常大，可以充分提高野外生存的概率。

4. 寻找遮蔽处

在野外长时间生存必须有一个可以遮风挡雨的地方，一般情况下山洞是常见庇护所。如果找不到山洞，可以在树上搭建简易睡床，帮助安全度过危险的夜晚。

5. 尽可能往高处走

站在高处首先会获得宽阔的视野，有助于规划好下一步的行进路线，避免沿错误路线往野外深处继续行走错失生存机会。

6. 发求救信号

在野外发求救信号首先需要选择视野开阔的场地，其次一般情况下选择生火冒烟的方式，这样在很远处也会被发现。如果发现有救援飞机靠近要及时呼喊，并且最好挥舞容易让人辨别的物品，比如衣物等，以便救援人员辨别。

第七节 伤病员登离机的注意事项

航空应急救援的伤病员登离机，与一般情况下直升机场的运行有较多不同，因为救援现场环境比较复杂，有飞行人员、伤病员、医务人员、担架员甚至还有围观群众，还有空地对接的车辆及路过车辆等，此时的现场安全管理尤为重要。

一、伤病员登机

1. 关车状态下的登机

当直升机位于机场或较为平坦的野外起降场并处于关车状态时，伤病员登机的方法与医务人员护送下登上救护车的流程基本相同，如图3.13。

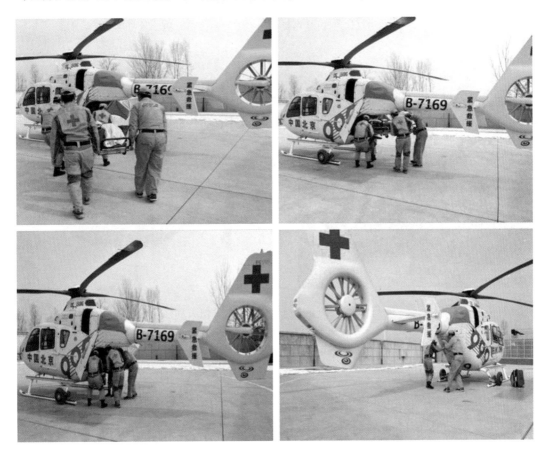

图3.13 直升机关车状态下的伤病员登机

（图片来源于北京999）

2. 不关车状态下的登机

当直升机在野外起降场紧急接收或在飞行途中临时接收伤病员时，直升机降落后经常处于不关车状态，此时伤病员在旋翼旋转的状态下登机，需要特别注意安全，应按照前述直升机登离机安全规范在医务人员护送下登机，如图3.14。

图 3.14　直升机不关车状态下的伤病员登机

3. 悬停状态下的登机

在山地、湖泊等没有机场或直升机难以降落的地方救治伤病员时，就得用空中悬停的方法把伤病员提升到直升机上，如图 3.15。

图 3.15　直升机空中悬停救助伤员

（图片拍摄于北京航空航天大学、海丰通航科技有限公司联合组织的
北京延庆山区航空应急救援演练现场）

二、伤病员离机

伤病员离机需要直升机机上救援机组与接收医疗机构工作人员共同完成。通常由机上救援机组指挥，担架卸下后抬出飞机机舱时，需两名担架员。如果从机舱门下飞机，先让担架脚端的担架员走出飞机，注意不要踩空、摔倒。如果机舱离地较高，则需要在机舱门口由地面担架员转接。地面担架员应四人共同接一副担架。四名担架员从机舱口接下担架后，经机上医疗组与接收单位医务人员简单交接后，可直接抬到接伤病员的车上，如图 3.16。

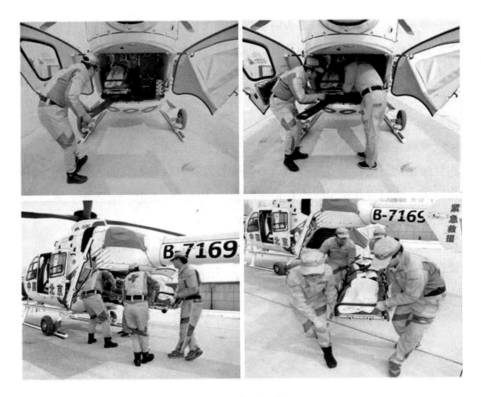

图 3.16 伤病员离机

（图片来源于北京 999）

三、伤病员登离机现场的安全管理

由于伤病员登离机的上述特殊要求和环境情况，需要特别加强伤病员登离机现场的组织工作和安全管理，具体要求如下。

1. 伤病员登离机工作的组织

伤病员登离机，应由现场指挥人员、机上医疗组具体组织实施，飞行人员和机务人员协助进行。

在登离机时，需主要注意几个问题：维持好现场秩序，尤其是机头、机身两侧、机尾部等关键性位置，应派专人管理，未经许可不得让无关人员靠近；按指定的出入路线搬运伤病员登离机；机场内用于运载伤病员的车辆，应沿着机身左侧接近飞机，并沿距机身 7~10 米的回形路线缓慢行进，不得在机翼下以及距机身小于 7~10 米的区域内行驶；搬运伤病员的过程中，不得将包括静脉输液装置在内的任何物体高举过头，长形物体需以与地面平行的姿态放入、卸离飞机。

2. 飞机周围的安全管理

飞机周边的安全管理也是至关重要的，机上人员、地面人员、伤病员等均应遵守同样的安全管理标准，无论直升机是否启动，未经飞行机组人员的许可，任何人禁止靠近飞机。无论何时都要清醒地认识到直升机的危险性，除非在飞行机组人员的带领下，而且应从飞机的前端靠近直升机，撤离时也应按照这一方向。如果需在斜坡处接近飞机，应从低坡侧靠近，不得从高坡侧，因为低坡侧主螺旋桨的净空距离更大。无论何时，不得在尾翼区域行走。

由于直升机旋翼吹起的气流强大，相当于刮七八级大风，因此，在伤病员登离飞机时，应注意防止旋翼吹起的气流把伤病员的被服衣物、医务人员的衣帽吹跑，以及吹倒步行的伤病员。同时直升机尾翼也在快速旋转中，尾翼高度低，应防止车辆、人员误入其下，以免造成人员伤亡和飞机、车辆的损坏。

除经许可，任何人员严禁在直升机周围30米内的区域逗留，且禁止吸烟。工作车辆应沿着进入机场时的行车路线离开现场。

第二部分

专业基础培训

第四章　飞行机组培训

第一节　直升机基本知识

一、单旋翼直升机的基本结构

直升机按构造可分为两大类，即单旋翼带尾桨式和双旋翼式。单旋翼直升机是航空应急救援中最常使用的航空器，主要分为旋翼、尾桨和机身三大部分。

旋翼的作用是产生向上的升力，使直升机垂直起落。旋翼还可产生水平方向的分力，使直升机完成前飞、后飞、侧飞等动作。旋翼旋转形成的平面既是升力面又是操纵面，它是直升机的重要组成部分。

尾桨是安装在直升机尾端的螺旋桨，它的旋转平面与旋翼的旋转平面垂直。尾桨装有轴向铰和水平铰，没有垂直铰。尾桨转动时空气对机身产生压力可以平衡旋翼作用在机身上的力偶矩，保持直升机在水平面内的稳定性，同时还有实现航向稳定和操纵航向的作用。

机身用来装载人员、货物和各种设备，包括动力装置、起落装置和各种仪器仪表等，并把直升机各部分连成一体。单旋翼直升机的尾梁上装有水平安定面，双旋翼直升机的尾部有的也装有水平和垂直安定面，其作用是保证直升机水平面和垂向的稳定性。

二、桨叶升力和旋翼拉力的产生

直升机在地面停放时，旋翼的桨叶会因为自身重量的作用呈自然下垂状态。直升机飞行时，旋翼不断旋转，空气流过桨叶上表面，流管变细，流速加快，压力减小；空气流过桨叶下表面时，流管变粗，流速变慢，压力增大。这样一来桨叶的上下表面就形成了压力差，使桨叶产生一个向上的拉力。拉力大小受到很多方面影响，比如桨叶与气流相遇时的角度、空气密度、机翼的大小和形状，还有和气流的相对速度等。各桨叶拉力之和就是旋翼的拉力。

直升机飞行时，旋翼的桨叶会形成一个带有一定锥度的底面朝上的大锥体，称为旋翼锥体。旋翼的拉力垂直于旋翼锥体的底面，当向上的拉力大于直升机自重时，直升机就上升；小于直升机自重时，直升机就下降；刚好相等时，直升机就悬停。通过控制旋翼锥体向前后左右各方向的倾斜，就可以改变旋翼拉力的方向，从而实现直升机向不同方向的飞行。

当直升机驱动旋翼旋转时，旋翼还会对直升机产生一个反作用力矩，如果只有一个旋翼，没有其他措施，直升机机体会进入"不由自主"地旋转。控制反作用力的方法有很多，比如按照左右并排，前后纵列，上下共轴，交叉互切等布局给直升机装上两个大小相等、旋转方向相反的旋翼来抵消相互的反作用力矩；再比如用喷气引射和主旋翼下洗气流的有利交互作用抵消反作用力矩；最简单的方法是在机尾装一个垂直旋转的小旋翼，称之为尾桨，通过"拉"或"推"的方式抵消反作用力矩，这也是现代大多数直升机普遍采取的方式。

三、基本气象要素及影响

1. 气流的影响

对直升机起飞和着陆安全威胁最大的是风切变，它不仅能使飞机航迹偏离，而且可能使飞机失去稳定。如果驾驶员判断失误和处置不当，则常会产生严重后果。飞行中遭遇风切变时，给飞行员做出反应、采取措施、控制飞行轨迹直到改出的时间非常短暂，为了迅速而准确地做出反应，飞行员应该：

（1）认真了解天气预报，对风切变可能出现的位置、高度、强度要有心理上的准备。

（2）注意收听地面气象报告和其他飞机在起飞、进近过程中的报告，了解风切变的存在及其性质，对自己所驾飞机能否通过风切变进行风险评估，做出正确的决断。通常应采取避开，等待，备降等措施。

（3）不要有意识地作穿越严重风切变或强下降气流区域的尝试，特别是在山区，低高度，或一发失效时更是如此。

（4）要与雷暴的强下击气流区保持距离。雷暴的外流气流可超越雷暴之前 20～30 千米。不要侥幸抢飞这一区域。

风速强度、大小对直升机的飞行姿态也会带来直接的影响，见表 4.1。

表 4.1　各种风速强度对直升机飞行的影响

强度	直升机状态的变化	机舱中的反应	风速
弱	直升机姿态短暂变动，轻微抛掷，航向稍有摆动，或者直升机在没有显著高度变化或偏航的情况下有轻微脉动。	感到安全带或肩带稍拉紧，未固定东西仍保持不动。	1.5～6.1 米/秒
中	与弱颠簸相似，但强度增强，直升机姿态、飞行高度及航向均有变化，但直升机保持无反向操纵；或直升机在没有显著高度变化、滚转及偏航的情况下出现急剧抛掷式冲击。	感到安全带或肩带绷紧，未固定的东西发生移动。	6.1～10.7 米/秒
强	直升机姿态、飞行高度及航向均有变化，引起的指示空速变化大，短时间内直升机失去操纵。	被迫系紧安全带或肩带，未固定的东西颤动不已。	>15.2 米/秒
极强	直升机被急剧地和频繁地上下抛掷，事实上已无法操纵，可能会造成直升机结构的损坏。		

2. 云的影响

淡积云：云量较多时，有轻微颠簸，光线忽明忽暗，容易引起飞行员视疲劳。

浓积云：有中度到强烈颠簸，云中飞行伴有积冰现象，能见度极差。

积雨云：云中能见度恶劣，可能产生积冰、强烈颠簸、雷电的袭击和干扰，影响飞行。

碎雨云：云量较多时，会妨碍观测地标，影响直升机起飞和着陆。

层积云：云中飞行一般比较平稳，有时有轻微颠簸，轻度到中度积冰。

雨层云：能见度极差，长时间云中飞行可能产生中度到重度的积冰。

3. 降水的影响

能见度降低，容易产生积冰，可能遭遇雹击，导致发动机熄火，改变旋翼桨叶和机身周围气流的流型。

四、直升机运行特情及处置

直升机的特情运行状态，是指直升机在起降时或飞行中飞行员不希望看到的，由于气动特点、结构因素、飞行环境、飞行员操纵以及故障等原因引起的非正常飞行状态。包括地面共振、动态翻滚、丧失尾桨效应、涡环状态等。

1. 地面共振

直升机地面共振就是直升机在地面工作状态时发生的旋翼—机体耦合自激振动，是针对全铰型直升机的一种潜在的具有破坏性的空气动力学现象。这种振动一旦发生，振幅在几秒钟内便可达到十分剧烈的程度，常常造成桨叶折断、轮胎破裂、机身翻倒，甚至人身伤亡等严重事故。

地面共振的改出方法：

（1）如果发生地面共振时旋翼的转速较低，正确的方法是关闭油门，总距放到底，必要时关闭发动机。

（2）如果发生地面共振时旋翼的转速处于正常飞行范围内，正确的方法是提总距，飞离地面，等旋翼恢复正常相位后再着陆，如果未恢复正常相位就直接落地，将导致刚接地便使本不稳定的主旋翼发生更强烈的振动。

（3）如按上述方法着陆时共振仍然存在，选择不同质地的场地着陆，必要时选择悬停自转着陆。

2. 动态翻滚

动态翻滚所导致的直升机事故越来越多。动态翻滚状况出现时，如果驾驶员不进行立即修正，动态翻滚将使直升机损毁，并可能导致（人员的）重大伤亡。

一般来说，无论地面是否平整，直升机驾驶员均应娴熟操作。如果直升机在正常起飞、着陆与斜坡起飞、着陆的情况下均使用相同的倾斜角（直升机与水平面的夹角），或者滑橇/机轮位于地面时直升机出现漂移，那么该倾斜角或漂移会使直升机绕仍然接地的滑橇/机轮转动。当这种情况发生时，相比悬停的直升机而言，横向操纵驾驶杆的反应速度会更加缓慢，且效果较差。如果允许滚转速率继续增大，那么倾斜角将达到临界值，即使全量横向操纵驾驶杆也不能将滚转改出，直升机将发生侧翻，引起重大事故。随着滚转速率增大，有可能改出的角度越来越小。

避免动态翻滚及处置动态翻滚特情时要注意的事项：

（1）在平整且坚硬的地面上起降时，驾驶员应柔和操作，动作协调一致，以保证直升机垂直起降。

（2）确保不能超过机型飞行手册中规定的斜坡起降的坡度限制。

（3）当风从上坡方向吹来，驾驶员在进行侧风操纵时，驾驶杆可用的横向操纵量会减少。

（4）在斜坡上起降时应该避开顺风。

（5）当左侧滑橇/机轮位于上坡方向时，由于尾桨推力的影响，驾驶杆可用的横向操纵量会减少。

（6）上下人员或装卸货物时，驾驶杆的横向操纵要求会相应改变。如果直升机使用内部连通的油管实现两侧油箱的自动传输，在重力作用下，油会自动向较低的油箱流动，从而改变重心，那么同样的横向状态需要使用不同量的驾驶杆横向操纵。

（7）驾驶员应注意不要让驾驶杆的操纵达到极限，否则会导致主轴碰撞。如果已达到驾驶杆操纵极限，那么继续下放总距将导致以上碰撞发生。发生这一情况时，驾驶员应将直升机返回至悬停状态，重新选择一个较平缓的着陆点。

（8）从斜坡上起飞时，如果上坡方向的滑橇/机轮早于下坡方向的滑橇/机轮离开地面，驾驶员应平稳地放下总距并检查下坡方向的滑橇/机轮是否挂住了障碍物。在这些情况下，垂直上升是唯一可行的起飞方法。

动态翻滚的改出方法：

（1）当直升机形成向一侧滚转的趋势且倾斜角没有超过临界值时，飞行员应缓慢、柔和下放总距靠直升机自身重力克服滚转趋势。

（2）需要注意的是，一旦倾斜角超过临界值，将无法改出滚转，直升机将侧翻。

3. 丧失尾桨效应（LTE）

丧失尾桨效应（LTE, Loss of Tail Rotor Effectiveness）是近年来造成直升机失控事故多发的一个重要原因。不当或较迟的修正动作会加剧偏转，可能会导致直升机无法控制，因此应引起高度重视。这种危险发生在最后进近着陆或贴近地面飞行时的低高度、低空速飞行状态下。

为什么会产生丧失尾桨效应？研究表明，主旋翼旋转产生的扭矩造成直升机机身向相反方向旋转，尾桨即反扭矩系统提供的推力抵消该扭矩，并在直升机悬停时提供方向控制。如果尾桨产生的推力比抵消主旋翼扭矩所需的推力要大，直升机将会偏航或围绕垂直轴向旋翼旋转方向转动；如果尾桨推力较小，则反之。通过改变尾桨产生的推力，驾驶员控制直升机在悬停和低速飞行时的方向。驾驶员的操作、旋翼旋转时产生的翼尖涡流以及风都会对尾桨推力产生影响，甚至会使尾桨丧失效应，最终造成直升机发生没有预期的偏转。丧失尾桨效应只会发生在单旋翼带尾桨的直升机上。

为减少丧失尾桨效应的发生，飞行员应该做好以下几点：

（1）确保尾桨装配符合维修手册要求。

（2）保持最大旋翼转速，如果主旋翼转速降低，可用的反扭矩推力也成比例下降。

（3）当在悬停和30节速度之间机动时：

①避开顺风。如果丧失过渡升力，将会导致功率需求和额外反扭矩需求增大。

②避免脱离地面效应的悬停以及高功率需求情况，如低速顺风转弯。

③当在8～12节的风中（尤其是脱离地面效应）悬停时，特别注意风向和风速，因为没有明显指示可以使飞行员看到过渡升力降低。丧失过渡升力会造成功率需求突然增加，以及反扭矩需求增加。

④应注意，如果正在保持相当大的左脚蹬量，可能就没有足够的左脚蹬量来抵消意外右偏。

⑤在直升机沿着山脉线和建筑物周围飞行时，要监控直升机功率，警惕直升机状态和风况的变化。

丧失尾桨效应的改出方法：

（1）如果意外右偏突然发生，应该左脚蹬踩到底，同时向前推驾驶杆，增加速度，如果高度允许，减小功率来减少主旋翼的扭矩。

（2）有效改出后，调整操纵，正常向前飞行。

（3）减小总桨距有助于抑制偏转率，但可能造成下降率增加，总桨距减小的数量应根据直升机距离障碍物或地面的高度、直升机总重量，以及当前大气条件进行。

（4）如果不能停止旋转，并且即将撞地，应立即进入自转。

4. 涡环状态

涡环是直升机有功率下降时一种危及飞行安全的危险状态，此时增加直升机功率还不能制止下沉，如操作不当，它会导致直升机抖动、摇晃、严重时操纵失控，在颠簸中无法控制以至坠地。

虽然从多种飞行状态均可进入涡环，但导致涡环的流场状态是相同的，涡环只能在下述所有条件具备时才可能会发生：

（1）大下降率（至少300英尺/分，根据机型的不同，重量的不同，达到涡环状态时下降率也不同）。

（2）带动力飞行（20%～100%功率）。

（3）小的前飞速度（小于过渡速度）。

预防进入涡环状态的注意事项：

（1）在有动力飞行，并同时操纵直升机做垂直下降或小速度下降时，为防止进入涡环状态，下放总距不要过多，以保持较小的下降率。

（2）在载重量大、海拔高度高或气温高的情况下，剩余功率小，不宜做垂直上升或勉强在较高的海拔高度上悬停。

（3）在地形复杂，高度较低且重量较重的情况下，没有特殊需要不要做垂直下降。

（4）在做快停或恢复功率自转时，要警觉进入涡环状态。

涡环状态的改出方法：

（1）在完全发展的涡环状态下，一部分飞行员第一反应往往是提总距来减小下降率，这样只会使情况更加恶化，下降率增加。正确的方法是稍稍下放总距，向前推杆来获得空速脱离涡环区。

（2）情况严重时因为驾驶杆很难操纵，从涡环中改出的方法是先下放总距进入自转，摆脱涡环，当驾驶杆可操纵后，再向前推杆获得空速。

第二节　直升机救援作业基本操作规范

一、夜间辅助视觉飞行操作规范

1. 准备夜间辅助视觉飞行操作

（1）获取并准备飞行前信息

（2）实施风险评估和管理流程

（3）审查对夜间辅助照明产生限制的因素

（4）向所有操作人员介绍夜间辅助航空操作的实施情况

（5）获取夜间辅助个人设备，并完成操作前检查

（6）完成飞机夜间辅助传感器、辅助设备和其他相关设备的维护性检查和调整，并识别和报告缺陷

2. 进行夜间辅助视觉飞行操作

（1）安全操作夜间辅助设备和系统

（2）适时完成仪器和系统检查

（3）监测夜间飞行辅助者的生理状况，并在需要时采取措施

（4）完成作业区侦察

（5）应对夜间辅助的紧急情况和异常情况

（6）保持清醒意识

（7）执行飞机成员资源管理

3. 结束夜间辅助视觉飞行操作

（1）进行飞行后分析和情况汇报

（2）整理飞行后文件

（3）检视飞机情况后报告发现的问题

二、进行直升机着陆点和未准备直升机着陆点操作

1. 准备直升机着陆点和未准备直升机着陆点操作

（1）配置直升机机舱或任务设备

（2）完成直升机飞行性能计算

（3）确定天气条件，并将其对任务的影响传达给其他机组成员

（4）对着陆瞄准器进行视觉或地图侦察

（5）使用机上人员简报，解决机组资源管理和人为因素问题

（6）考虑操作要求，并将相关考量转达给其他机组成员

（7）确认操作环境

（8）识别和报告安全隐患

（9）与其他机组成员一起制定并实施适当的减灾策略

2．进行直升机着陆点和未准备直升机着陆点操作

（1）评估与直升机着陆点和未准备直升机着陆点相关的直升机位置，并将信息传达给其他机组成员

（2）识别出障碍物及其相对于飞机的位置以及与其他机组成员的关系

（3）在操作中保持态势感知

（4）确定紧急情况并在足够的时间内向机组人员传达

三、控制直升机悬停飞行

1．起飞、悬停直升机并执行悬停检查

（1）进行起飞前检查

（2）直升机在已建立的悬停点上空盘旋

（3）进行悬停检查

（4）使直升机在高度和航向保持在指定的悬停点上

（5）在可能的情况下，直升机不应进入高度—速度包线的"避免"区域

（6）及时采取措施以对抗阵风的影响

（7）确定不利天气的影响

（8）保持直升机畅通无阻

（9）避免旋翼洗流的不利影响

（10）使用系统扫描技术维持观察

2．在横风和尾风中悬停直升机

（1）保持直升机在指定高度的指定悬停点上方并在横风和尾风中飞行

（2）采取措施控制阵风的影响

3．执行点或踏板转弯

（1）直升机围绕桅杆转动，同时保持恒定的高度和指定的悬停点转弯率

（2）实施可控的纠正措施控制阵风的影响

（3）保持直升机相对地面没有障碍物

（4）使用系统扫描技术维持观察

4. 进行前后转弯

（1）直升机在保持固定高度和指定运动速度的同时，在直升机机头或机尾前方绕指定点旋转

（2）采取可控的纠正措施来对抗阵风的影响

（3）在转弯操作期间，保持直升机相对地面无障碍物

（4）使用系统扫描技术维持观察

5. 进行侧向和后向飞行

（1）使得直升机从静态悬停过渡到侧向和后向飞行

（2）在指定的悬停点上终止从静态悬停到侧向和后向飞行的过渡

（3）使用系统扫描技术将观察点保持在飞行方向

（4）保持直升机在侧向和后向飞行时相对地面无障碍物

（5）只有在直升机后面进行目视检查后才能向后移动，并根据需要调整高度

6. 从空中降落

（1）直升机从悬停飞行降低到指定点过程中，应没有纵向、横向、偏航或滚动运动，没有刺耳的声音

（2）确认直升机在集体完全降落前已安全着陆

（3）进行着陆后检查

7. 管理失误着陆

（1）采取适当行动以确定何时将会出现不利着陆情况

（2）采取能够实现稳定着陆的措施

（3）重新评估情况，并在适当时继续着陆

（4）在认为不适合继续降落的情况下，抬起直升机并重新定位

8. 中止起飞

（1）如果情况需要，应及时决定停止垂直升空

（2）对直升机进行适当控制，以确保起落架安全地降落到地面上

四、绞车作业期间驾驶直升机

1. 计划绞车作业

（1）确定任务要求

（2）确定所需的机组人员和设备

（3）计算直升机性能数据

（4）计划出境和返程航线

（5）计划在绞车现场进行的操作，考虑包括障碍物、地形和可能对升力产生不利影响的因素

（6）计划对机上的乘客和设备进行安全保护

2. 完成绞车作业的飞行前简报

（1）确认绞车操作的要求

（2）获得并确认位置、地形特征和天气状况的预报

（3）检查绞盘和个人设备

（4）说明飞行员和机组人员的职责和沟通流程

（5）说明升力模式

（6）说明对绞车的设备保养和乘客安全的安排

（7）说明绞车应急程序

3. 在绞车作业期间操作直升机

（1）检查并维持悬停功率、裕度的充足性，并明确执行绞车的操作控制

（2）确定现场检查的方式、进近和悬停航向

（3）控制下降和进近以终止绞车现场的操作

（4）对直升机施加控制以维持绞车现场的位置

（5）观察绞盘限制

（6）避免电缆堵塞

（7）将电源用于提升外部负载

（8）管理乘客和货物的安全

4. 在绞车操作期间管理异常或紧急情况

（1）控制直升机、乘客和负载情况

（2）确定和管理异常或紧急情况

（3）在适当的时候抛弃负荷

5. 为绞车作业进行飞行后简报

（1）审查操作程序并分析飞行结果

（2）分析和报告设备的有效性、效率和性能

五、绳索操作期间驾驶直升机

1. 计划绳索操作

（1）确定任务要求

（2）确定所需的机组人员和设备

（3）计算直升机性能

（4）规划过境、绳索操作通信及恢复

（5）确认绳索人员资格

（6）规划绳索操作异常和紧急情况动作

2. 为绳索操作进行飞行前简报

（1）说明并确认绳索操作的要求

（2）获得并确认位置、地形特征和天气状况的预报

（3）确认时间、航线、空速和高度

（4）说明飞行员、机组人员和绳索工作人员的职责和沟通流程

（5）说明绳索操作应急程序

3. 在绳索操作期间操作直升机

（1）确定现场检查的方式、进近和悬停航向

（2）控制下降和进近以终止绳索站点

（3）检查并维持悬停功率、裕度，并明确执行绕绳的操作控制

（4）对直升机施加控制以保持其在绳索场地上的位置

（5）在绳索操作期间保持无障碍物

（6）指导成员部署绳索

（7）对绳索团队进行指导

（8）收回或拆除绳索并放回场地

4. 在绳索操作期间管理异常和紧急情况

（1）维持直升机控制

（2）确定和处理异常及紧急情况

5. 为绳索操作进行飞行后简报

（1）审查操作程序并分析飞行结果

（2）分析和报告设备的有效性、效率和性能

六、外部装载操作期间驾驶直升机

1. 准备并装备吊索负载

（1）确定任务要求

（2）确保、稳定和装配外部负载

2. 规划外部加载操作

（1）确定外部装载程序、设备和人员

（2）计算直升机性能数据

（3）计划出境和返程航线

（4）安排安全稳定的负载准备

（5）评估负载以提升设备的耐用强度和适用性

3. 飞行前进行外部装载操作简报

（1）审查并确认装载任务的要求

（2）指定人员负责检查负载起重设备的可维护性和安全性

（3）审查通信和连接程序

（4）指定连接人员并确认连接程序

（5）确认离港、过境、进近、终止和装载释放程序

（6）审查并确认应急程序

（7）确认飞行员垂直参考线

（8）机组人员和地面负载人员详细了解负载提升任务的各个方面

（9）调整座椅

（10）检查和计算直升机性能数据

（11）确保安全拆除门和内部设备

4. 外部装载操作期间直升机操作培训

（1）对设备进行功能和安全检查，并报告设备缺陷

（2）计算实现任务所需的燃料和货物载荷

（3）确定发动机功率并保证方向控制稳定

（4）保持连接和提升过程中的稳定悬停

（5）将外部负载提升并放置在指定位置

（6）监控负载并采取措施确保飞行期间的安全和稳定

（7）避免运输过程中过大的负载摆动

5. 外部负载操作期间的异常和紧急情况管理培训

（1）保持对直升机的控制

（2）确定和处理异常或紧急情况

（3）必要时将负载丢弃

6. 完成外部装载操作飞行后的检查

（1）审查和分析操作程序和结果

（2）分析和报告设备的有效性和性能

（3）组织检查、维修和装载设备

七、直升机的指挥手势

由于直升机高噪音的特点，某些情况下可能无法实现语音交流。因此，使用标准的手势信号进行交流极为重要。指挥直升机的常用手势信号见表4.2。

表 4.2　常用手势信号示意表

信号说明	信号含义	信号
双臂重复向上向后的动作	向前移动	
双臂置于胸前，向前旋转的动作	向后移动	
双臂水平外伸，掌心朝上，向上招手，双臂移动速度表示上升率大小	向上移动（上升高度）	
双臂水平外伸，掌心朝下，向下招手，双臂移动速度表示上升率大小	向下移动（下降高度）	

（续表）

信号说明	信号含义	信号
一臂水平指向右侧，另一臂反复向所指方向挥动，示意直升机应向左移动（转向）	向左移动（转向）	
一臂水平指向左侧，另一臂反复向所指方向挥动，示意直升机应向右移动（转向）	向右移动（转向）	
双臂在身体下侧交叉	着陆	
双臂两侧向下45度伸展	保持位置等待	
双臂向两侧90度伸开	悬停	
右臂举于头上水平画圈，同时左手指向发动机	启动发动机	

（续表）

信号说明	信号含义	信号
右臂与肩同平，由左肩穿过咽喉划向右肩，同时左手指向发动机	关闭发动机	
急速伸开双臂，举至头部上方，交叉挥动双臂	紧急停住	

（表来源于中国民航局飞标司《直升机安全运行指南（咨询通告)》)

第三节　直升机救援作业的注意事项

直升机救援往往具有临时性和紧急性，因而造成飞行路线非固定、着陆区域非固定以及作业区天气情况不熟悉等诸多未知项，这些未知项对直升机作业时的安全构成了一定的威胁，因此机组在接受救援飞行任务时应遵守以下注意事项。

一、起降点的选择

一般应选择符合直升机应急救援起降点的安全要求，并经过评估和备案的应急起降点进行起降。若目的地附近没有应急起降点，可依据民航相关运行规范在保证安全的前提下选择合适的野外临时起降点。在野外临时起降点起降前，需要对场地进行勘察或模拟分析，制定合适的起飞降落程序。

二、起降点的空地通信

在起降点应安排一名受过训练的人员，该人员应配备无线电等通信设备，并将设备调整为固定频率，将起降点当前信息报告给飞行员。

在野外临时起降点起降时，若起降点没有受过训练的人员，应指定一名临时联络人，询问其起降点的各项信息，并将起降点信息和临时联络人的联系方式提供给飞行员。

三、防止病患及家属干扰飞行控制

应将病患及时固定，并告知乘客或家属遵守机组人员的指令，以防干扰直升机的正常运行。

四、飞行员的任务评估

飞行员在接到任务通知后，应当对自身情况、起降点情况、飞行安全等方面进行评估，如果有任何会影响飞行安全的因素存在，飞行员有权拒绝此次飞行任务。

五、直升机的清洁、消毒

伤病员离机后，应对机舱进行全面彻底的清扫与整理，必要时对直升机进行消毒。消毒重点是担架、被服和机舱内的空气。运送传染病病员后，应对直升机内部进行消毒处理。

不能使用易燃易爆、点火熏蒸的消毒剂。

六、安全管制

直升机预计到达前 7~10 分钟开始实施安全管制，地面人员在直升机起飞后 5 分钟方可离场。

七、直升机的夜航目视飞行

由于直升机飞行高度低、作业环境复杂等特点，直升机的夜航更加依赖于良好的外部环境条件。在有月亮的夜晚，并且能见度良好、地面参照光线充足、无风时，跟白天飞行并没有太大的区别；但如果在昏暗的夜晚，飞行在人烟稀少的地区，地面参照光线较弱或根本没有，则情况完全不同。夜间直升机出现特殊情况需要立即着陆时，选择也相对较少，相对昼间飞行，更难确定风向、风速和选择适当的着陆点。夜间飞行，更加依赖飞机设备，夜航训练也是至关重要的。

灾难发生是不分昼夜的，而灾难发生后的救援行动也是不分白天黑夜的，所以夜航能力是航空应急救援必须具有的基本功。在直升机夜航过程中需要注意如下事项：

（1）应该尽早安排飞行前检查，最好在昼间进行，给飞行准备工作预留出时间。

如果只能在夜间进行飞行前检查，则需要用手电筒等具有白光的设备补充照明。用蓝色或红色的灯光很难检查到燃油或液压油水平面或是否泄漏。检查挡风玻璃是否清洁且无划痕。小的划痕在昼间可能没影响，但在夜间飞行时可能影响很大。启动发动机之前，确保所需相关设备和辅助工具良好，如图表、记事本、手电筒等。

（2）启动发动机时，要格外谨慎，尤其是在黑暗的地区或外部灯光微弱的地方。启动前对外界进行语音提示并且打开防撞灯和航行灯。如果条件允许，可以短暂地打开着陆灯来警告地面人员。

（3）在直升机的滑行过程中，由于着陆灯通常投下一束窄细和集中的光束，所以对于侧方的照明很少。因此，夜间滑行应缓慢，特别是在拥挤的停机位附近。当在一个不熟悉的机场或场地时，为避免滑入有障碍物的区域，必要时请求管制部门或地面人员引导。如有其他外部照明灯光，可参考飞行手册。

（3）起飞前，确保有一个净空的起飞路径，在非机场区域起飞时要对周围环境特别注意。因为在没有灯光的区域起飞很难看清周围的障碍物。起飞路径选定后，应该使用着陆灯等灯光设备判断和规避起飞路径上的障碍物，充分利用机载设备保持好飞行各要素。

（4）起飞后的500英尺是最关键的时期，这一时期直升机从相对明亮的机场过渡到完全黑暗的夜空，夜间起飞通常应采取"高度优于速度"策略，来确保直升机更快地爬升，脱离地面障碍物。

（5）起飞过程中为补偿外部参考感知的缺乏，使用可用的飞行仪表作为辅助工具，检查高度表、空速表、升降速度表和地平仪，确保爬升姿态正确。

（6）巡航时，为了获得更高的安全裕度，建议巡航高度略高于平时的选择高度。有三个原因：第一，更高的高度保证直升机与障碍物之间有更大的空间，尤其是那些夜间很难看到的障碍物，如高压电线和未被照亮的杆塔；第二，在发动机出现故障时，有更多的时间来建立着陆航道，更大的滑翔距离也保证着陆时有更多的选择；第三，提高无线电接收距离，特别是使用无线电导航时。

（7）在做飞行计划时，建议飞行路径通过有灯光的区域，如城镇或高速公路，这样在出现特情时有更多的选择，导航也更容易。

（8）飞行过程中，地表反光性差的障碍物，如电线和小树枝，很难被看到。定位线缆的最佳方法是寻找线缆的支持结构，如线缆杆塔，在低高度飞行时确保从线缆的支持结构上方通过。夜航前，机组人员也应查阅记录有关线缆位置的最新航图或地图。

（9）夜间迫降跟昼间程序一样，并且在近地阶段尽量开启着陆灯以避开迫降路径附近的障碍物。

（10）飞行员夜航进近着陆时，相比昼间，有下滑线偏低的倾向。这是潜在的危险，因为有更大的概率撞到低空障碍物，如电线或栅栏。一种很好的做法是夜航时使下划线偏高一点来躲避障碍物，并时刻监视高度和下降率。另外，夜航时，飞行员也倾向于过多地关注降落区域而忽视速度，如果丧失了太多的速度，可能导致进入涡环状态，所以进近着陆时应注意监控并保持好飞行要素。

八、起降场及作业区域有关事项

1. 提供起降场翔实的信息

在提供直升机医疗救护服务时，求救者与保障部门需提供翔实的信息，以保证直升机安全执行任务，主要包括救援现场的地理坐标、救援现场区域的障碍物情况、救援现场的气象条件、救援场地条件等。

救援现场的地理坐标可以在 GPS 设备上读取，甚至可以通过社交软件共享，找一些特征明显的地标，如足球场、湖泊、公园、高塔、高楼、山峰等。

救援现场区域的障碍物情况应包括障碍物的类型，例如电线、线塔、天线、索道、缆车、其他航空器、动物、鸟类等，以及障碍物与现场之间的距离。

救援现场的气象条件需说明阴晴、雨雪、能见度、风力以及有无冰雹、沙尘暴、下雪等气象。

救援场地条件需说明地表是平坦还是倾斜，是土地、草地、海滩、水淹区、滑雪场、雪地等，还是直升机停机坪、直升机场、高架直升机停机坪等。

在夜间救援时，还应提供照明情况，例如照明状况如何，是移动照明设备还是固定照明设备等。

2. 准备好着陆区

人员：人员应在离着陆点至少 50 米的地方停留。

车辆：将车辆移出着陆区域，并关上所有的门窗。

公路、高速公路：如果着陆地点离公路、高速公路很近，或者在公路、高速公路上降落，那么双向都需要交通管制，不要使用交通锥。

帐篷、雨伞、纸张、垃圾等：设法固定或者清除着陆区域内这些未固定的重量轻的物品。

灰尘、沙子、积雪：如果有可能（例如在足球场、工业场地等），应尽量事先为土地浇水或洒水，以处理这些易吹散物。

动物：尽量避开动物，或者把它们限制在封闭的地方。

夜间救援：使用可用的灯光照亮着陆点，如汽车的灯光或聚光灯。所有的灯都应该指向地面，不要将灯光直接对准直升机或机组人员。

3. 指示着陆点

闪烁的灯光：警车或救护车上的闪光灯，在夜间非常显眼。白天虽然从远处看不太清楚，但可以作为确认应急救援现场的依据。

烟雾信号：烟雾信号装置属于专业应急救援装备。警车和救护车应该配备这类物品。

信号弹和明火：夜间看不见烟雾，但可以清楚地看到信号弹的耀斑和明火。

"时钟位置"：如果与救援直升机机组取得联系，现场人员可以使用"时钟位置"指导飞行员。直升机的相对方向，用一个12小时的时钟来描述角度和方向。

九、直升机医疗救护运行天气最低标准

直升机医疗救护运行天气最低标准见表4.3。

表4.3　直升机医疗救护运行天气最低标准

双驾驶		单驾驶	
昼间			
云底高	能见度	云底高	能见度
500 英尺及以上	1000 米	500 英尺及以上	1600 米
499~400 英尺	1000 米	499~400 英尺	2000 米
399~300 英尺	2000 米	399~300 英尺	3000 米
夜间			
云底高	能见度	云底高	能见度
1200 英尺	2500 米	1200 英尺	3000 米

第四节　不同救援场景中的飞行注意事项

一、城市场景飞行注意事项

城市中高楼林立，电线纵横，塔吊耸立，风向、风速不稳定，影响飞行操纵；同时电磁环境复杂，无线电通信、导航设备易受干扰，给直升机低空、超低空飞行造成威胁。并且城市中可供直升机着陆的场地少且小，周围障碍物影响明显，增加了起降难

度。在城市上空飞行时，飞行员精力易分散，影响注意力分配，大城市上空会有"热岛"效应，气流紊乱，易发生颠簸。

在执行航空医疗救护任务前，飞行员须详细研究城市飞行中高大障碍物分布情况，确定安全的起降场位置，选择合理的飞行路线。条件允许时，应对选定的起降场进行实地勘察，了解场地面积、标高、障碍物的分布，有无危及飞行安全的物品。机组要明确起飞、着陆方向及建立航线的方法，在飞行前注意准备标注限制区和敏感区域（如政府部门、军事要地）。一般城市上空污染较为严重，包括传统的大气污染、光污染，以及高压线密集，这些都会对飞行员的视野造成影响。飞行期间，机长和副驾驶要注意做好分配工作，保持对周边的观察。

二、山区场景飞行注意事项

山区救援场景情况复杂，给执行航空医疗救护任务的飞行员带来了诸多威胁。影响直升机在山区飞行的因素，总的来说主要有飞行高度、山区地形、山区气流和气象条件。

在山区执行救援飞行任务时，可参考以下安全建议：

（1）实施救援作业前尽可能确定山区的海拔高度，研究作业区域的地形、山脉走向、常出现的天气现象，来评估影响飞行的因素及其严重程度。

（2）尽可能保持经济速度飞行以获得最大剩余功率。

（3）进入山谷前，上升高度来观察飞行区域内可能出现的雾、低云、降雨等危险天气并判断飞行区域的风向风速。

（4）尽量避开降雨区，降雨不但会使能见度降低影响飞行员对外观察，而且很有可能进入突如其来的低云而失去参照。

（5）尽量避开能预见到的危险地带，如在山的背风坡观察到荚状云或滚筒状云时，下降气流和乱流较强，应尽量避开此区域。

（6）飞过山脊后不要立即下降高度，防止遭遇较强的下降气流而失去控制；飞出山谷后不要过早转弯，防止进入因山谷地形而形成的涡旋气流中。

（7）时刻警惕因乱流、湍流影响可能出现的丧失尾桨效应所诱发的意外偏转或涡环。

三、水面上空场景飞行注意事项

水面搜救是航空应急救援常常会遇到的任务场景。水面上水天一色，缺少参照物，这给飞行员保持和判断飞行状态带来了困难，甚至带来致命的危险；水面常常会起水雾，水面上空气象变化大且快，天气情况不易掌握，且能见度低，不易识别水上搜救目标。

在执行直升机水面搜救任务前及执行任务中，可参考以下安全建议：

（1）建议机组成员事前接受"水下逃生培训"。

（2）尽量避免在低于该机型旋翼直径以下的高度上悬停。如任务需要，机组应分工明确并设定好无线电高度表（如安装）在一个高度值，一旦低于此高度则会提醒机组；在水面上空做低于旋翼直径以下的高度悬停飞行时，下洗气流会将水卷起喷洒到直升机风挡玻璃上，短时间内可能会使飞行员失去目视参照。

（3）天空和水面周围的山、建筑物等会倒映在清澈且平静的水面上，这种现象易造成飞行员视觉上的判断错误，因此在这种水面上空低高度飞行时避免做突然的机动动作、大坡度盘旋等。

（4）在沿江河低空飞行时，特别注意横跨江河的高压电线，因背景是水面而不易被发现；可以先找到江河两岸的线塔，通过线塔来判断电线的走向。

（5）在一些温差较大地区的内陆湖泊上空飞行时，特别要注意湖面上空形成的平流雾和蒸汽雾，一旦进入雾区要立刻上升到安全高度。

四、丛林场景飞行注意事项

丛林地区林海茫茫，天气变化突然，丛林飞行地标不明显，铁路、公路较难观察，无线电助航设备稀少，给确定直升机位置带来影响。低高度飞行时，无线电高度表容易出现指示失真，判断高度困难；丛林起降场地狭小，悬停、起落时易刮碰树林；执行森林灭火时，火区附近升降气流紊乱，烟尘严重，这在很大程度上影响飞行操纵和发动机正常工作。

第五章 救援机组培训

第一节 医疗培训

一、机载医疗救护设备的主要种类

常见航空救援固定翼飞机和直升机可根据需要选配以下医疗救护设备。

1. 专业机载无线远程除颤监护一体机

为空中急救患者和重症监护患者提供监护及除颤/起搏治疗。具有机上防震模式，在气流颠簸状态下不影响救治效果及各项功能。

2. 专业机载呼吸机

提供无创通气治疗，可在机上自动进行海拔高度补偿，相应地调整设置潮气量和监测潮气量，并配有儿童专用的呼吸管道（包括加温湿化器、螺纹管、呼吸面罩、鼻塞），实现空中救治、转运过程中给予成人、儿童安全有效的通气治疗。

3. 专业机载真空负压担架

专业机载真空负压担架的充气夹板可以充气后与人体形状相符并紧贴在一起，既可以用于骨折固定，也可用于止血，对躯体、受伤部位起到保护作用，避免二次损伤，防止进一步感染和水肿的发生，减少感染的发生。

4. 专业机载微量泵

便携式、体积小、重量轻，注射药物更精确、微量、均匀，适用于长时间微量给药。

5. 专业机载输液泵

一种新型泵力仪器，常用于需要严格控制输液速度和药量情况下，或需要在低压环境下进行快速输注液体，保证患者液体补充。

6. 专业机载血气分析仪

集血气、电解质、血氧、血糖、肾功于一体的综合性、便携式分析仪。通过对人体血液中酸碱度（pH）、二氧化碳分压（PCO2）、氧分压（PO2）、电解质离子，以及葡萄糖、红细胞比容等参数的定量测定，来评价判断病人的呼吸、代谢、酸碱平衡（紊乱）和机械给氧状态。

7. 专业机载负压隔离舱

是转送通过气溶胶（空气）传播传染性病毒患者的必需设备，能实现阻断传染源的传播途径，最大限度降低医护人员和飞行人员被感染的风险。

8. ECMO（体外膜肺氧合仪）

人体呼吸和血液循环辅助设备，可替代人体内肺脏的呼吸换气功能和心脏泵血功能，为呼吸和（或）循环功能不全的重危患者提供有效的呼吸循环支持。

9. 专业航空器新生儿转运暖箱

实现了航空医学救援中对新生儿，特别是早产儿、低体重产儿的及时安全转运。设有安全绑带用于固定婴儿，保证转运安全。

10. 专业固定翼机载恒温箱

可用于储存及转运血液、疫苗、其他医疗产品。实现机上创伤失血患者输血、疫苗运送等功能，同时，可为突发事件时提供血液调配与运送。

11. 专业固定翼可滑动式担架

配合固定翼动力负载系统，实现了担架及患者轻松平稳地传送上下机的功能，为医生对患者进行不同医疗处置提供基础保障。

12. 电动吸引器/气动负压电动吸引装置

可用于救治和转运过程中进行痰液或其他体液的吸引，或维持外伤患者预防肌肉神经坏死的切开引流状态等情况，保持转运患者过程中患者的气道通畅和后续治疗顺利治疗的前期准备。

13. 抗噪音无创血压检测装置及听诊器

可用于救治和转运过程中，当其他（如心电监护仪等）电子设备出现异常时，能协助救护人员更好更快地获取患者生命体征等信息，或当患者发生其他病情变化时，更加直观地观察患者的生命体征，保证患者的安全。

二、医务人员配备组合的主要类型

目前，我国急救相关医务人员主要分为急救医师、急救护士和急救辅助人员。结合国外航空医学救援人员配置情况，我国航空医学救援医务人员配置大致可分为医—护组合、医—医组合和护—护组合三种类型。

1. 医—护组合

医—护组合是目前公认的最普遍、最高效的航空医学救援医务人员配置方式。要求所有医务人员取得执业资格及各类急救培训资质认证，依情况至少具备3~5年急诊科、重症监护室或院前急救等救治工作经验，且接受过航空医疗救护相关专业培训并获得飞行资质。"医"通常指院前急救医师、急诊科医师、重症医学医师或外科医师，具备专业的临床医学知识、良好的急危重症患者救治能力和突发事件处置经验。"护"通常指注册护士，具备良好的操作技能、理论知识及急危重症患者照护经验。医护各具优势，通过优势互补提高救治能力，发挥"1+1＞2"的整体效能。同时可根据实际情况，在医—护组合的基础上再配置呼吸内科医师、麻醉医师或医疗辅助人员，可高效地救护不同类型患者。

2. 医—医组合

医—医组合也是航空医学救援中比较常见的一种医务人员配置方式。要求医师取得执业资格及各类急救培训资质认证，依情况至少具备3~5年急诊科、重症监护室或院前急救等救治工作经验，且接受过航空医疗救护相关专业培训并获得飞行资质。"医"通常指2名不同专业的院前急救医师、急诊科医师、重症医学医师或外科医师，具备专业的临床医学知识、良好的急危重症患者救治能力和突发事件处置经验。同时可根据实际情况，在医—医组合的基础上再配置呼吸内科医师、麻醉医师或医疗辅助人员。与医—护组合相比，医—医组合的临床诊疗水平较高，但人员成本较高、可调派性较差。

3. 护—护组合

护—护组合是航空医学救援中相对较少的一种医务人员配置方式，常用于患者院际间转运和普通患者的监护运送。要求护士取得执业资格及各类急救护理相关资质认证，依情况至少具备3~5年急诊科、重症监护室或院前急救等护理工作经验，且接受过航空医疗救护相关专业培训。与医—护组合相比，护—护组合的人员成本较低、人员稳定性和可调派性较好，但临床诊疗水平较低。

三、按照病情等级配备人员设备

航空医学救援医务人员的配置受多种因素影响，如航空器类型、性能及容纳情况等，患者的年龄、数量、疾病类型、病情等级等，医务人员的级别和专业类型等，呼救地医疗资源，救援运行成本，法律法规及行业规范等因素。

1. 急诊患者救护

患者特征：急性起病但当前没有在短时间内危及生命或严重致残的情况，航空医疗救护主要以维持生命体征稳定和看护为主要任务。

医务人员配置：建议配置为单独 1 名医师、单独 1 名护士或医—护组合、护—护组合。要求所有医务人员取得执业资格及急救培训资质认证，依情况至少具备 3～5 年急诊科、重症监护室或院前急救等救治工作经验，且接受过航空医疗救护相关专业培训。

2. 危急患者紧急救护

患者特征：急性起病，病情可能随时危及患者生命或可能导致严重致残，需立即采取急救干预措施。航空医疗救护过程中需要应用辅助设备和特殊技术（如心电监护仪、除颤器、人工呼吸器和药物等）进行生命支持和急救处置。

医务人员配置：建议配置为医—护组合，至少配置 2 名医务人员，组合方式以医—护组合为宜。要求所有医务人员取得执业资格及急救培训资质认证，依情况至少具备 3～5 年急诊科、重症监护室或院前急救等救治工作经验，且接受过航空医疗救护相关专业培训。

3. 危重患者空中监护转运

患者特征：指从医院急诊科、重症监护室运送至上一级医疗机构的危重症患者。

医务人员配置：建议配置为医—护组合，至少需要 2 名医务人员，优先配置重症医学科医师和护士，也可以为医—医组合。要求所有医务人员取得执业资格及急救培训资质认证，至少具备 5 年急诊科、重症监护室或院前急救等救治工作经验，且接受过航空医疗救护相关专业培训。

4. 特殊专科危急重症患者救护转运

患者特征：主要为需要特殊专科处置的患者，如实施主动脉内气囊反搏术患者、实施体外膜肺氧合治疗新生儿患者、新生儿、孕产妇等；或特殊转运任务提供航空转运服务。

医务人员配置：视具体任务情况而定。一般至少需要配置 2 名医务人员，组合方式以医—护组合为宜，其中新生儿患者需要配置 1 名新生儿 ICU 医师、1 名新生儿护士或呼吸治疗师；在特殊任务转运中，人员配置可为单独 1 名医师、单独 1 名护士、医—护组合、医—医组合或护—护组合。原则上要求所有医务人员取得执业资格及急救培训资质认证，依情况至少具备 3～5 年急诊科、重症监护室或院前急救等救治工作经验，且接受过航空医疗救护相关专业培训。

5. 特殊转运任务

任务类型：血液、移植器官运输等。

医务人员配置：配置要求依具体情况可适当降低或调整。

四、实施医疗救护的主要内容

1. 提供基本的紧急生命支持

（1）紧急情况下的应对措施

识别紧急情况并识别威胁自己和他人安全的危险因素；通过消除任何可能的危险，尽量减少对自身、伤者以及其他人安全的直接危害；确定伤员所受伤害和相应病症；评估是否需要救援。

（2）应用既定的急救程序

使用一切可利用资源进行救治，遇事沉着冷静并安抚伤员；确定伤员的状况并为伤员提供舒适的治疗环境；在进行急救之前寻求伤员或其亲属的同意；以适当的方式回应伤员；根据既定的急救原则、政策和程序、地区法规以及行业要求，使用既定的急救程序；必要时根据需要使用手动处理技术。

（3）沟通的注意事项

合理呼叫救护车或适当的医疗援助；准确传达伤员的受伤情况和急救程序的评估结果；冷静安抚伤员，根据伤员的意识水平采用不同的沟通方式；及时提供相关报告；对记录和信息保密，并对相关的书面文档资料进行妥善保管和交接。

（4）心理状况评估

寻求临床专家的反馈，评估救援人员参与重大事故救援的心理健康状况。

2. 应用先进的复苏技术

（1）急救设备完好检查

对复苏设备进行使用前检查；检查次要设备故障并进行纠正；识别和处理主要故障和缺陷。

（2）应用复苏气囊和面罩

组装复苏面罩和气囊；进行心肺复苏；选择并使用口咽通气管/喉罩来保持伤员的气道通畅；处理妨碍正常治疗的问题。

（3）安装和操作自动体外除颤器

做好准备工作，进行连接并操作自动体外除颤器，协调自动体外除颤器与心肺复苏的操作，尽量减少心肺复苏工作的中断。

（4）吸氧操作

熟悉与吸氧相关的医疗和安全预防措施，在输送氧气时选择并操作合适的氧气面罩和套管，保证给予患者有效供氧。

（5）操作吸引设备

熟悉吸引装置相关的医疗和安全预防措施；选择并操作吸引导管和装置；在应用高级复苏技术期间提供吸力。

（6）恢复和维护设备

对设备进行清洁、消毒、丢弃、补充和充电；检查并维修轻微故障；识别和处理主要故障和缺陷。

五、创伤急救

1. 创伤急救的基本知识和救护原理

创伤是各种致伤因素造成的人体组织损伤和功能障碍，轻者造成体表损伤，引起疼痛或出血；重者导致功能障碍、残疾、甚至死亡，创伤救护包括止血、包扎、固定、搬运四项技术。

创伤急救的最佳时间是伤后 1 小时内。创伤病人死亡有三个峰值：第一个峰值是创伤后数秒至数分钟，占外伤死亡的 50%，患者往往有致命的重要脏器损伤；第二个峰值，是创伤后数分钟至数小时，占外伤死亡的 30%，患者多因抢救不及时而死亡，因此，创伤急救有"黄金一小时"的说法；第三个峰值是创伤后数周，患者多因感染、脓毒血症、多器官功能衰竭而死亡，占外伤死亡的 20%。要想最大限度地降低创伤后的死亡率，伤后 1 小时内是极为关键的时间点。

创伤急救原则：第一，先抢救生命，然后再固定，再进行搬运；第二，注意要采取措施，防止病情加重或引起创伤部位的污染，需要送医院急救时，应在立即做好保护伤员措施后，再送医院救治，以防发生二次创伤；第三，抢救前要先使病人安静地躺好，判断全身的状况和受伤的程度，看看有没有出血、骨折、休克等。如果存在这些状况，应当先行处理，再进行搬运。

创伤现场急救技术的环节包括以下几点：首先，要判断周围的环境是否安全，如果环境不安全，应该及时转移，再评估生命体征是否平稳，如果呼吸心跳停止，应该进行紧急的现场心肺复苏，第一时间抢救生命。其次，如果有伤口或者进行性出血的情况，应该立即给予包扎止血，避免出现失血性休克，如果出现了四肢骨折或者是脊柱的损伤，应该进行临时的固定。最后，要送到医院进行专业救治。

2. 特殊损伤的医疗应对措施

特殊损伤主要包括钝力和穿透性损伤、骨科创伤、烧伤、头部面部和颈部损伤、胸部创伤、腹部创伤。

（1）损伤机制：钝力和穿透性损伤

首先理解能量规律，根据不同武器对人体的伤害进行分类；然后了解影响创面形状和程度的因素；最后判断其气蚀种类，气蚀分为永久气蚀和临时气蚀。

（2）骨科创伤：截肢和畸形

通过可视化、触诊、询问患者创伤史等方法对患者进行初步体检，判断其伤情。夹板固定技术是用扎带或绷带把木板、竹板、硬纸或塑料制成的夹板固定在骨折已复位的肢体上，以利于骨折断端在相对静止的条件下愈合；同时配合以循序渐进的功能锻炼，促进骨折愈合和恢复肢体功能的一种治疗方法。要根据患者伤情，判断是否需用夹板固定。对于不稳定的盆骨骨折、主要动脉出血、股骨骨折、创伤性截肢等特殊伤害，要使用相应的治疗手段来进行有效处理。

（3）烧伤：热烧伤、化学烧伤和电击伤

对于热烧伤的处理，确定热烧伤类型，然后利用液体处理；对于化学烧伤的处理，确定化学烧伤类型，测定组织损伤程度及确定事故发生过程，最后利用特殊介质处理；对于电击伤的处理，确定电击伤类型，然后采取相应的急救措施。

（4）头部、面部和颈部损伤

头部损伤包括闭合性头部损伤、开放性头部损伤和穿透性头部损伤。最大限度地提高脑血流量，使用镇静常用药物、快速序列药物及快速序列诱导插管，注意应使用药物减轻插管对患者的刺激；面部损伤包括骨骼和组织损伤、眼内损伤；颈部损伤包括软组织损伤和颈椎损伤，根据其损伤部位，采取相应措施进行处理。

（5）胸部创伤

胸部创伤主要包括气道不通、胸部伤口、气胸、血胸、张力性气胸、连枷胸等致命疾病、肺挫伤及心包填塞、心脏或主动脉破裂等心血管损伤。

（6）腹部创伤

首先完成检查设备需求，确定海拔限制等前期工作，之后检查患者情况，确定患者腹部结构及病史，通过初步、二次检查，对患者伤情进行诊断；然后运送患者；最后确定患者脾、肝脏、胰腺、十二指肠、结肠、小肠等腹腔脏器损伤情况。

六、内科急救

1. 内科急救的基本常识

急诊内科是临床上救治急性、突发性疾病的救治单元。其中以心脑血管疾病、消化系统疾病、发热性疾病多见。此外，中毒性疾病（比如患者服毒，大量药品摄入等）亦是急诊内科常见的疾病救治种类。内科急救常见病症主要有呼吸困难、全身过敏等以下7种：

（1）呼吸困难

造成呼吸困难的原因有很多。吸入支气管扩张剂可缓解哮喘与慢性支气管炎引起的呼吸急促与喘息。救援人员应该对吸入支气管扩张剂有一定的了解，遇到有人出现哮喘或慢性支气管炎发作，或急性加重时知道如何救援。心衰患者如果改变其体位（坐位而不是平卧位），则可缓解呼吸窘迫症状，同时也因限制了回心血流量，因而还降低了心脏负荷，具体来说，可以让患者保持坐位，并双膝屈曲。对于支气管哮喘或慢性支气管炎的病人来说也是坐位比平卧位更好。至于是否需要给予氧疗，目前对于救援人员来说没有相关推荐。由于通常情况下没有氧疗，并且氧疗需要一定的技术，因此不作为救援人员的一项标准技能。

（2）胸痛

造成胸痛的原因有很多，比如肋软骨炎、心肌梗死等，现场鉴别诊断病发原因较为困难。建议胸痛患者由院前急救机构专业人员承担转运任务，不建议自行转诊。虽然常规情况下阿司匹林可降低心肌梗死患者的死亡率，但仍推荐由急救医务人员初步评估后给药，并在服药前询问是否有阿司匹林过敏等情况。

（3）休克

建议采取合适的体位，首先应采取平卧位，双下肢略抬高，利于静脉回流。如患者呼吸困难，可以适当抬高头部和躯干。另外，一定要保持呼吸道通畅和注意患者体温监测，必要时可以在专业人员的指导下进行初步的治疗。

（4）意识或呼吸丧失

如果患者没有反应，并且呼吸不正常或仅为喘息，救援人员应立即进行呼吸、意识和脉搏的判断；若患者无心跳、呼吸和意识，应立即进行心肺复苏；如果患者有呼吸、脉搏但无意识，那么应该将其置于侧卧位，而不是仰卧位（脊柱损伤、骨盆损伤等患者除外）；如果患者有脉搏，无呼吸、无意识，应立即予以开放气道并保持气道通畅。

（5）卒中

卒中是由不同原因造成脑部急性血液循环障碍性疾病。救援人员应该学会使用卒中评估方法识别卒中的发生，以缩短卒中患者从卒中发生到确定性治疗的时间，改善其神经功能。推荐使用 FAST 卒中评估系统进行评估。

（6）癫痫

癫痫患者发病时，救援人员应确保其气道通畅，避免发生其他次生损伤。患者应取左侧卧位，在关节部位垫上软物可防止发作时造成擦伤，不可强压患者的肢体，以免引起骨折和脱臼。给予抗癫痫药物对症处理，发作控制后实施航空转运。

（7）热射病

热痉挛、热衰竭及热射病通常因在湿热环境中大量运动所诱发。热痉挛指肌肉出现不自主痉挛，影响到小腿、手臂、腹部及背部肌肉。急救措施包括休息、使用水或饮用碳水化合物电解质饮料例如果汁、牛奶等促进降温，并对受到影响的肌肉实施冷敷或牵拉。如果现场没有碳水化合物电解质饮料，那么可以使用饮用水。热衰竭患者可能出现恶心、头晕、肌肉痉挛、头痛、疲劳、大量排汗。急救措施包括将其转移至阴凉地方，脱去其衣物、浇冷水，并在能饮水的情况下使病患多饮水。热射病累及中枢神经系统，出现晕厥、意识障碍、癫痫等。对于热射病患者来说，最重要的措施是立即降温并启动急救服务，快速转至医院接受治疗。

2. 特殊病人的医疗转运

运送特殊病人主要包括心血管疾病、呼吸系统、神经病、接触有毒物质和环境、代谢内分泌和免疫抑制、高低温、机械通气等患者。

（1）运送心血管疾病患者

心血管疾病主要症状为晕厥、心肌缺血、心包炎和心包积液、心肌炎、心内膜炎、高血压脑病、主动脉夹层、肺栓塞。根据患者情况，配置团队规格，掌握运输医疗团队应具备的能力，对团队成员再培训，对患者病情进行初步评估并采取相应的治疗措施，保证运输条件，对心脏病患者进行辅助的药物治疗。

（2）运送呼吸系统患者

呼吸系统患者主要症状为呼吸困难、哮喘、慢性阻塞性肺病、胸膜疾病、感染。根据患者情况，配置团队规格，掌握运输医疗团队应具备的能力和设备使用情况，对患者病情进行初步评估并采取相应的治疗措施，保证运输条件。对呼吸系统疾病患者进行对症治疗。

（3）运送神经疾病患者

中枢神经系统疾病的症状为头痛、眩晕、认知障碍、昏迷。首先判断患者是否为中枢神经系统感染（脑膜炎），并在运输途中关注注意事项，预防癫痫发作，保证运送过程安全。根据患者情况，配置团队规格，掌握运输医疗团队应具备的能力、设备使用情况和药物使用情况，对患者病情进行初步评估并采取相应的治疗措施，保证运输条件。对中枢神经系统疾病患者进行对症治疗。

（4）运送接触有毒物质和环境的患者

首先对有毒物质进行初步处理，评估周边环境，对昏迷的病人进行生命体征、典型的神经学的检查，判断患者接触何种有毒物质，例如被有毒动物叮咬或接触、昆虫蜇刺（蜜蜂、黄蜂、蚂蚁、蜘蛛、蝎子）、有毒海洋物种（刺丝囊、刺鳐）蜇咬等，鉴定毒素源。观察患者反应，进行初步处理，在转运的过程中使患者处于安静状态。根据患者情况，配置团队规格，掌握运输医疗团队应具备的能力、设备使用情况和药物使用情况，对患者病情进行初步评估并采取相应的治疗措施，保证运输条件。对中毒患者进行对症治疗。

（5）运送代谢、内分泌和免疫抑制患者

免疫抑制分为中性粒细胞减少生产引起的免疫抑制、艾滋病引起的免疫抑制、药物引起的免疫抑制，需掌握了解脱水和血容量减少、血容量过多的原因、症状和应对措施，以及运送途中应注意的事项。根据患者情况，配置团队规格，掌握运输医疗团队应具备的能力、设备使用情况，对患者病情进行初步评估并采取相应的治疗措施，保证运输条件。对免疫抑制患者进行对症治疗。

（6）运送高低温患者

注意监测患者体温。若患者体温过低，首先确定低体温的诱发因素，包括产热减少、散热增加、温度调节受损、患者年龄，根据体温过低的生理反应，采取复温技术，防止进一步热损失，并用药物治疗；若患者体温过高，首先判断导致体温升高的因素，是否为热痉挛、热休克、中暑的症状，并采取相应的治疗方法。根据患者情况，配置团队规格，掌握运输医疗团队应具备的能力、设备使用情况，对患者病情进行初步评估并合理使用温度调节装置（如降温毯或保暖装置）。

（7）运送机械通气患者

正压通气不良反应为胸内压增高导致心脏血液回流减少，输出量减少；长期通气可减少肾血流量和降低肾脏过滤的液体潴留；空气滞留和内在呼气末正压通气增加；气压伤；压力增加引起的呼吸道感染，以及ET管等异物的存在；呼吸性碱中毒及随后的代谢紊乱；增加躁动；增加呼吸功和呼吸窘迫。受控机械通气、辅助控制通气、间歇强制通气、同步间歇指令通气、压力支持通气、呼气末正压为几种常见的无创正压通气模式。根据患者情况，配置团队规格，掌握运输医疗团队应具备的能力、设备使用情况。不适合空中医疗环境使用的通气模式为反比通气、气道压力释放通气、高频通气、比例辅助通气和体外膜肺氧合技术。

七、支持保障

接机转运危重患者是一个连续的监护、治疗、护理过程，是危重患者抢救过程中的重要环节，能否成功、顺利地安全接机是评价一所医院指挥能力、应急反应、救治水平、业务能力、后勤保障、人员素质等综合能力的一项很好的指标。

有研究显示，急诊危重患者进行院内转运时极易导致出现患者拔管，呼吸、循环及中枢神经系统功能的改变，甚至出现窒息、呼吸和心跳骤停等严重的并发症及不良事件，而转运人员的能力和急救仪器设备的性能是否良好，是导致患者产生不良事件的主要因素。科学有计划的转运方案预案、经过专业培训的团队和性能良好齐全的转运急救仪器设备，可有效提高转运过程的安全性，把风险降到最低。

成立接机转运应急救援队，包括指挥组、转运救护组、临床救治组和后勤保障组4个小组。指挥组由业务副院长、医务部、护理部和院务部的成员组成，主要负责接机转运过程中所有的协调、布置和指挥工作；转运救护组主要由科室主任以及有经验的高年资医生、主治医师1~2人和业务水平高、临床经验丰富、经过专业培训的护士3~4名组成；临床救治组主要由科室主任、主治医师、护士长和责任护士组成；后勤保障组主要由保安人员、院务部的职工组成。护理部主要负责对所有护理人员的协调、指挥，根据接机后送任务进行护理人员调配和各组任务安排，护理人员根据工作职责和具体分工落实相关护理任务。

第二节　搜救培训

一、航空搜救概述

航空搜救是航空搜索与营救的简称，包括对求救目标进行搜索定位、悬停救捞、空中运送和机上救治等一系列行动。航空搜救对搜救人员的协同性、专业性要求高，风险难度大，对搜救人员的选拔、训练标准近乎苛刻。通常情况下，一个搜救机组由飞行员、救生人员和医护人员三部分组成，救生人员又分为绞车手和救生员。

直升机搜救是航空搜救的主要方式，就是采用直升机和相关的航空技术、设备实施的一种应急搜救，是常见的航空应急救援任务之一，主要包括海上搜救和山区搜救两种场景。海上搜救一般发生在海洋灾难和海上运输的交通事故中，搜索范围比较大，并且经常需要日夜工作。目前我国的海上搜救主要由交通运输部救助打捞局负责，具备专门的飞行队执行这一任务。山区搜索常用于山区野外人员失踪的突发事件中，使用直升机搜索的原因主要是地形的限制，其他交通方式难以进入事发区域。

目前我国海上搜救处于相对成熟阶段，国家海上搜救应急救援指挥体系由应急领导机构、运行管理机构、咨询机构、应急指挥机构、现场指挥（员）、海上应急救助力量等组成，管理机构结构图如图5.1所示。

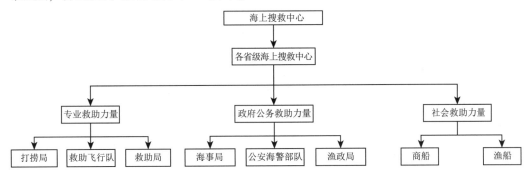

图5.1 海上搜救管理机构结构图

1. 应急领导机构

我国建立了国家海上搜救部际联席会议制度，研究、议定海上搜救重要事宜，指导全国海上搜救应急反应工作。在交通部设立中国海上搜救中心，作为国家海上搜救的指挥工作机构，负责国家海上搜救部际联席会议的日常工作，并承担海上搜救运行管理机构的工作。

2. 运行管理机构

中国海上搜救中心以交通部为主，承担海上搜救的运行管理工作。

3. 咨询机构

咨询机构包括海上搜救专家组和其他相关咨询机构。国家海上搜救专家组由航运、海事、航空、消防、医疗卫生、环保、石油化工、海洋工程、海洋地质、气象、安全管理等行业专家、专业技术人员组成，负责提供海上搜救技术咨询；其他相关咨询机构应中国海上搜救中心要求，提供相关的海上搜救咨询服务。

4. 应急指挥机构

应急指挥机构包括：中国海上搜救中心及地方各级政府建立的海上搜救机构。沿海及内河主要通用航空水域的各省（区、市）成立以省（区、市）政府领导任主任，相关部门和当地驻军组成的省级海上搜救机构。根据需要，省级海上搜救机构可设立搜救分支机构。省级海上搜救机构承担本省（区、市）海上搜救责任区的海上应急组织指挥工作。海上搜救分支机构是市（地）级或县级海上应急组织的指挥机构，其职责由省级海上搜救机构确定。

5. 现场指挥（员）

海上突发事件应急反应的现场指挥（员）由负责组织海上突发事件应急反应的应急指挥机构指定，按照应急指挥机构指令承担现场协调工作。

6. 海上应急救助力量

海上应急救助力量包括各级政府部门投资建设的专业救助力量和军队，武警救助力量，政府部门所属公务救助力量，其他可投入救助行动的民用船舶与航空器，企事业单位、社会团体、个人等社会人力和物力资源。海上救助力量服从应急指挥机构的协调、指挥，参加海上应急行动及相关工作。

二、搜索、救援设备介绍

（一）搜索设备

直升机执行巡防任务的主要搜索探测设备在不断研发改进中，新一代设备具备集成能力，可以将多种功能设备集中在吊舱上。吊舱在航空应急救援状态下，执行对灾害区域航空态势观察、应急目标搜索、救援目标定位等。

集成吊舱相应的功能有——可在白天和夜间（红外光成像）对城市、山区、海上执行搜索救援；可凝视与广域扫描（红外）搜索；可对多个目标进行（红外）跟踪；可与机载通信系统进行数据交互；可显示搜救任务信息和现场态势信息；具备一定的（后端红外）图像拼接能力。如图5.2所示。

图5.2　集成吊舱外观

航空应急救援吊舱设备一般包括：光电转塔 1 台，位于载机舱外；电子机箱 1 台，置于载机舱内；操控手柄 1 只，置于载机舱内；显示屏 1 块，置于机舱内。如图 5.3 所示。

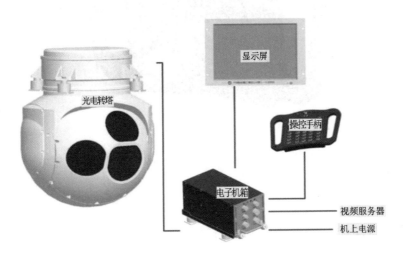

图 5.3　集成吊舱设备组成

光电转塔为光电传感器方位、俯仰转动提供平台，由方位轴系、俯仰轴系、电视传感器、红外传感器、激光测距仪、航姿仪、陀螺等组成，作为机载光电吊舱设备的重要组成部分，其主要任务是承载光电传感器和实现图像稳定。如图 5.4 所示。

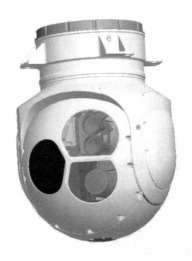

图 5.4　集成吊舱光电转塔设备组成

操控手柄为设备人机操控终端，包括电源开关、操控杆、操控键盘等。用户通过它可以实现对本吊舱设备的全部操作与控制。如图 5.5 所示。

图 5.5　集成吊舱操作手柄

（二）救援装备

航空救援装备主要包括电动绞车、救援吊带、救援担架、救援吊篮、救生软梯、救生坐具、救援座椅等。现以国产 JDD、JDJ、JSH、JDL、JSZ、JZY 系列航空救援装备为例，介绍各种航空救援装备的用途、功能、产品组成及工作原理。

1. JDD3 成人救援吊带

JDD3 成人救援吊带作为被救人员装备，主要用于直升机救援过程中对地面（水中）待救成年人实施快速穿戴连接、起吊及回舱。

单套成人救援吊带结构示意图见图 5.6。成人救援吊带是直升机救援过程中对地面（水中）待救人员实施快速起吊及回舱的工具。救援时，先将救援吊带衬垫围绕伤员后背，穿过待救人员腋下，再收紧防护带，固定好伤员；救援辅带在需要时可下移至大腿根部，兜起待救人员臀部；最后将吊带主带与直升机绞车挂钩连接，启动绞车吊起待救人员。

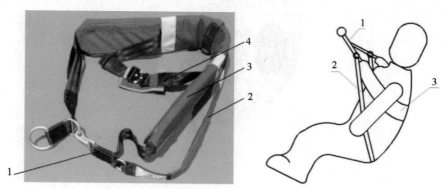

图 5.6　成人救援吊带示意

1-吊带主带；2-救援辅带；3-吊带衬垫；4-防护带

2. JDD4 儿童救援吊带

JDD4 儿童救援吊带作为被救人员装备，主要用于直升机救援过程中对地面（水中）待救儿童实施快速穿戴、起吊及回舱。

单套儿童救援吊带结构示意图见图 5.7。儿童救援吊带是直升机救援过程中对地面（水中）待救儿童实施快速起吊及回舱的工具。救援时，待救儿童上半身躺入吊带，双臂分别穿出吊带主部上的左右两孔，将防护带横系于待救儿童胸前并收紧固定人体，再用弹簧钩连接吊带两边及裆部的三个挂环，最后将弹簧钩与直升机绞车吊钩连接，启动绞车吊起伤员。

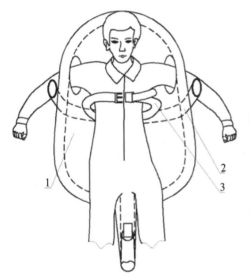

图 5.7 儿童救援吊带示意

1 – 吊带主部；2 – 承力带；3 – 防护带

3. JDJ1 救援担架

JDJ1 救援担架主要用于直升机执行海上或陆地救援任务时，对受伤程度较深的伤员实施吊送与救援。JDJ1 救援担架由主体担架、吊挂组件、转运担架、漂浮装置及防旋装置组成。如图 5.8 所示。救援担架用于单人起吊救援，可折叠存放；转运担架用于狭窄空间的伤员转运；漂浮装置可保证水上救援时伤员头部浮出水面；防旋装置用于抑制担架起吊过程中的旋转。

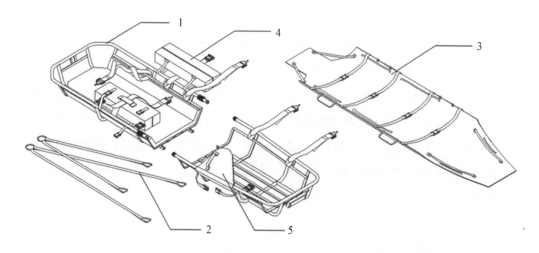

图 5.8　JDJ1 救援担架

1 – 主体担架；2 – 吊挂组件；3 – 转运担架；4 – 漂浮装置；5 – 防旋装置

救援担架通过吊挂组件与直升机救援绞车连接，从而实现伤员吊送。救援担架安装时，托起头部担架挂环，随后将底部担架挂钩挂入，平置后主杆插销及锥孔自动对准，旋紧螺母完成安装。折叠时同样托起钩挂处，主杆插销及锥孔自动完成分离。如图 5.9所示。

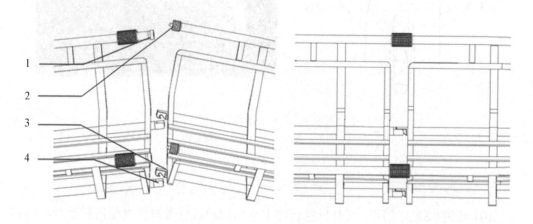

图 5.9　担架折叠机构

1 – 锥孔；2 – 插销；3 – 挂钩；4 – 挂环

防旋装置固定在担架底部，施救人员操纵舵叶偏转角，此时气流作用在舵叶上，相对绞车绳索形成转舵力矩，抑制担架旋转。施救者将舵叶按下图所示角度调整，担架将获得自左向右的转舵力矩。如图 5.10 所示。

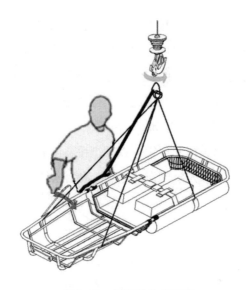

图 5.10　担架防旋示意图

4. JSH6 救生软梯

JSH6 救生软梯用于直升机应急救援过程中营救和撤离遇险被困人员，还可以用于高楼应急逃生、消防演练、运动员训练等。

JSH6 救生软梯（见图 5.11）由挂钩组件、连接带、横挡、包布和提包组成。如图5.12 所示。

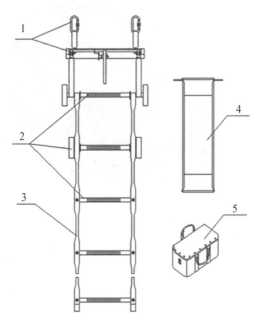

图 5.11　JSH6 救生软梯

1 - 挂钩组件；2 - 横挡；3 - 连接带；4 - 包布；5 - 提包

直升机执行应急救援任务时，施救人员先将软梯从后排座位下取出，接着将包布的尼龙搭扣带撕开，取出软梯的挂钩组件，然后将挂钩组件的两个挂环分别与直升机地板上的连接件连接，将软梯有挂钩组件的一端固定在直升机地板上，再将软梯的横档依次释放。待横档全部释放后，施救人员即可通过抓握或蹬踏横档来执行救援任务，被救人员也可用 JSH6 救生软梯进入救援直升机。

当出现意外情况时，可以拔掉安全销，扳动把手，随着把手的转动，软梯固定销和软梯主部的连接带脱离，实现在紧急情况下 JSH6 救生软梯与直升机快速分离，避免意外情况发生。

5. JDL1 救援吊篮

JDL1 救援吊篮是基于直升机平台实施舱外起吊救援的重要装备，通常与救援绞车配合使用，主要用于海面救援、岛屿救援以及恶劣地形条件如崎岖山区、峡谷等救援场合下的人员起吊回舱或吊离转移至安全区域。救援吊篮配有漂浮装置，可用于水上救生；同时救援吊篮具有可折叠功能，便于携带、转运。

JDL1 救援吊篮主要由吊篮主体、漂浮装置和支架三部分组成，如图 5.12 所示。

图 5.12　救援吊篮结构组成
1 – 吊篮主体；2 – 漂浮装置；3 – 支架

JDL1 救援吊篮通常与救援绞车配合使用，利用绞车上的吊挂钩挂住救援吊篮支架上端设置的吊挂孔即可。吊篮框可供被救人员乘坐或躺卧。

6. JSZ1 救生坐具

JSZ1 救生坐具作为施救人员装备，用于火灾救援、水上救援以及悬崖救援等应急救援任务的施救人员的约束和连接。救生坐具可保障搜救直升机施救人员实施舱外救援时使用，可以与直升机绞车钢索相连，有效束缚人体，从而使得人员下降、悬吊及回舱。JSZ1 救生坐具主要由肩带、肩带调节带、腰带、口袋 1、口袋 2 和提升带等组成。如图 5.13 所示。

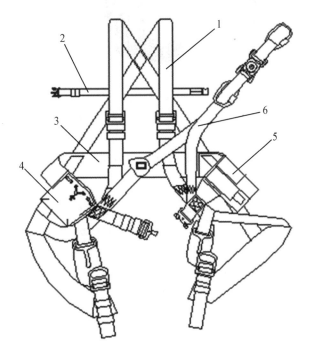

图 5.13　**JSZ1** 救生坐具

1–肩带；2–肩带调节带；3–腰带；4–口袋 1；5–口袋 2；6–提升带

JSZ1 救生坐具是施救人员实施舱外救援时所使用的背带系统，平时放在提包中。使用时，施救人员从提包中取出救生坐具并穿戴好，通过 O 型安全扣与直升机绞车钢索相连，来完成人员下降、悬吊及回舱等救援动作。

7. JZY1 救援座椅

JZY1 救援座椅主要用于直升机救援作业，将其与直升机绞车连接后，救援人员可以乘坐救援座椅迅速抵达任务地点进行救援作业。由于其结构紧凑、体积较小，通常用于丛林及山地等复杂的救援环境，也可用于水上救援。

救援座椅主要由座椅主体、漂浮组件和人员约束组件组成。如图 5.14 所示。

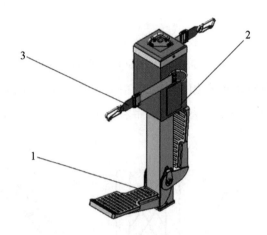

图 5.14　救援座椅

1 – 座椅主体；2 – 漂浮组件；3 – 人员约束组件

　　人员乘坐救援座椅并通过人员约束组件进行约束，救援座椅与直升机上绞车连接，实现人员迅速抵达救援地点。

　　该救援座椅为双叉结构，能同时满足 2 人乘坐，其结构紧凑，体积小，使用简便。救援座椅的框架由不锈钢焊接而成，具有良好的耐腐蚀性，两个座椅面上设计有防滑座椅板，防止人员乘坐时发生滑移。

　　8. 绞车

　　绞车类产品主要应用于在直升机无法降停时，通过绞车绞绳牵引以快速投放救援物资、救援人员，或者将被困人员转移到直升机上。

　　绞车在航空应急救援直升机上的应用主要有以下几点：

　　（1）直升机在悬停状态下救生，将伤员或人员从地面提升到直升机机舱内；

　　（2）直升机在悬停状态下提升加油管，进行悬停加油，减少直升机的加油时间，即减少飞行任务的准备时间；

　　（3）在绞车的吊钩上挂上缆绳，进行人员的索降，使人员快速下降到地面上执行任务；

　　（4）提升和运输轻型的货物；

　　（5）高空吊升人员进行高空作业。

　　针对直升机无法落地的情况，对遇险或受伤人员进行快速救助时，可以通过绞车悬停，采用单套、双套、担架、高绳四种方式。

三、索降作业

（一）索降的基本原理、应用场景

索降或梯降能够快速并且精确地投送救援力量，减少直升机的起降时间，降低直升机的风险，直升机也不用考虑地面的状况，甚至在水面上也能进行索降，因此索降对于环境的适应能力很强，可将救援力量快速运送到事发地点。

通常索降需要用到的工具有绳索、挂钩、手套等。如图5.15所示。

图5.15　直升机索降

（图片来源于 https：//www.airrescue.co.nz/rescue-ready/）

（二）直升机绳索降落救援流程

1. 检查直升机安全情况

确保在直升机内和周围操作时，穿戴适当的衣服和设备；根据工作场所程序和机组人员的指示，以安全的方式接近和离开直升机；坐在自己的位置上并系好安全带；向绳索团队成员传达已识别的危险；遵循机组人员和安全员的指示，确定好进出直升机的环境条件和备用路线。

2. 做好绳索降落准备

根据需要接收并确认绳索下降指令，根据工作场所规程，选择并进行安装操作，包括个人防护设备和绳索设备；飞行前检查绳索设备；报告在操作中绳索和安全设备的损坏情况，并采取补救措施。

3. 安装绳索和操作设备

将绳索固定在分配的绳索连接装置上，在飞行前确保绳索和操作设备的安全，遵守机组人员的命令和指示，在飞行期间监控绳索和操作设备，向绳索团队成员传递通信和指示，最后进行个人飞行安全检查。

4. 悬停直升机做好下降准备

直升机悬停，在机组人员和安全人员的监督下，确定绳索出口位置，然后根据机组人员的中止指示，恢复在飞机内的位置。

5. 直升机的快速绳索操作

根据安全人员的指示部署快速绳索，根据机组人员或安全人员的指示退出飞机，按要求完成紧急情况应急程序，时刻保持清醒意识，以可控方式索降，进行绳索的下降和回收，降落地面后将个人、团队和设备集合在指定的集合点。

（三）索降装置

下面以国产 KJS4 索降装置为例，进行介绍。KJS4 索降装置是基于直升机平台实施人员快速滑降的重要装备，通常与救援绞车配合使用。在需要快速投放人员的直升机应急救援任务中，机载人员将索降绳从绳包中取出，将绳头的 O 型安全扣挂在绞车上，使用时人员须戴上防滑手套来握紧索降绳，并通过控制双脚的力度来实现快速下滑。索降装置可广泛用于火灾、地震和海上救援等情况下救援人员快速部署。

KJS4 索降装置由滑降绳索及绳包两部分组成。如图 5.16 所示。

图 5.16　索降装置结构组成

1 – 滑降绳索；2 – 绳包

KJS4 索降装置主要是通过多股绳索编织缠绕所产生的摩擦力使滑降绳索形成一个有效的受力整体，其强度由选定的高强度聚乙烯丝绳和涤丝纤维来保证。在使用过程中，双手紧握绳索，双脚夹紧绳索，调整身体重心，尽量贴近绳索，然后通过控制手套、鞋与绳索之间的摩擦力来实现快速安全地滑降。如图 5.17 所示。

图 5.17　索降装置使用示意图

四、吊挂作业

直升机吊挂飞行（包括吊运和吊装）是通用航空的一种特殊科目，吊挂重量不等，形状各异，要求定点释放或准确对接，飞行难度较大，操纵要求严格。直升机吊挂飞行是直升机最常见的作业形式，通过使用电动绞车、外吊挂结构等来实现对直升机机外人员或货物的吊运。

航空应急救援在进行吊挂作业前应进行空中或地面视察。根据视察结果，空勤组、地面施工人员以及指挥人员共同制定飞行方案、安全措施以及特殊情况下的处置方法。未经空中或地面视察的地段禁止进行吊挂作业。凡两架以上直升机，使用一个作业基地往返作业点进行吊挂飞行时，均必须保持目视飞行和直升机之间的通信联系。往返作业点采取统一制定的同方向运行的圆圈航线。两机在同一航向时必须保持一分钟以上的纵向飞行距离。各单位在执行吊挂飞行时，必须搞好空、地通信联络，密切协作配合，要利用小型通信设备，辅助手势、旗语等协调动作。

1. 吊装作业准备工作

根据既定程序，查找直升机存在的安全隐患，计算飞机的动力可用性，确定风速和风向，确定接近和过冲路径，检查吊装位置和周围环境是否合适，准备好吊装机并检查其是否正常运行，制定吊装作业计划并传达给其他机组成员，根据相关设备手册等的要求，准备和检查吊装设备。

2. 吊装作业实施

直升机驶向吊装地点，将吊装附件安装在起重机吊钩上并进行检查，根据组织政策和程序，进行下风检查，维持对吊装作业进展监测，添加或移除相关物资及乘客，进行吊装操作。

3. 吊装应急反应和常规反应

根据既定程序，识别、传达和诊断吊装过程中的紧急情况，应对紧急情况并采取补救措施。

4. 吊装作业总结

根据飞机操作手册、组织政策和程序，将起重设备和附件从起重机吊钩上拆下并存放，对起重机进行安全检查，最后完成飞机维修文件。

五、直升机搜救方法

直升机搜索救援过程基本上包括拟订救援计划、搜索定位、实施营救、医疗后送等步骤。当救援中心接收到遇险人员发出的求救信号时，救援指挥人员需要根据发生事故的空域和地理环境特点以及救援对象情况制订搜索救援计划；直升机飞临事故区域，利用机上的搜索设备搜索遇险者，或者搜索求救信号，确定遇险者位置；直升机飞到遇险人员上空，运用救援设备将被救人员吊救或转运到直升机舱内；根据被救人员伤情，直升机将被救人员送到后方医院。

(一) 搜救前准备

搜救飞行不同于一般的飞行任务，作业时需要用到一些特种设备以及特殊的联络信号，飞行员除做好正常飞行准备外，还应确保搜救所需设备正常并能熟练掌握使用方法以及联络信号表达的含义。

1. 设备准备

配备能迅速找到事故现场并在现场能提供救援的设备：卫星导航、外载荷设备（吊挂、绞车）、担架等。装备在航空器遇险及现场频率以及在可能规定的此类其他频率上进行双向可靠的通信设备：HF、VHF（AM、FM）、UHF 等以及能追踪遇险频率的归航装置：归航机（HOMING）。除非已知不需要向幸存者空投供应品，否则至少有一架参与搜救的航空器应携带可以空投的救生用品。如有可能携带能为遇险人员做简单医疗处理的设备，如任务需要还可携带专业医疗设备和专业医护人员。

2. 通信准备

遇险人员、搜寻救援工作组使用地对空信号，航空器使用的空对地信号，采用以下措施表示明白地面信号。昼间摇摆机翼夜间开关着陆灯两次。如无着陆等设备，则开关航行灯两次（注：无上述信号表示不明白地面信号。）当需要向遇险人员空投救生物品时，救生用品采用颜色标注；一个容器或包装内装有多种物品时为混色。每个容器或包装内，应标有汉、英语和另选一种语言的救生物品使用说明。

（二）搜救方法

对于参与搜救的直升机驾驶员而言，掌握以下搜索方法可更快地找到遇险航空器、船只和遇险者，为实施救援赢得时间和最佳时机。

对于明确知道遇险航空器、船只和遇险者具体位置的，可使用机上卫星导航系统精确定位，以最快速度直飞遇险区域；已知遇险航空器、船只和遇险者带有定位信标，可利用机上无线电设备，收听应急频率，还可使用归航机（HOMING）追踪定位信标；对于不明确遇险航空器、船只和遇险者的具体位置，只知道遇险时的大概位置，或者遇险航空器、船只和遇险者受到某种影响偏离了原来的位置，应采用以下搜寻方法：

（1）扇形搜索，用于当拥有一个准确基准点时，可以围绕该点进行集中搜索；扩散式方块搜索，用于扩展扇形搜索的区域或当搜索基准点不明确或已过时。

（2）轨迹搜索，用于当没有基准点，但知道搜索对象最后的可能活动路线。如果发现人员已丢失了一段时间，此方法适用于船上落水人员搜索。

（3）蛇行搜索，适用于搜索狭长的区域。

（4）平行搜索，适用于较大区域的均衡搜索。

（三）搜救时的注意事项

除了要考虑陌生区域及外载荷飞行所需考虑的注意事项以外，机组还应参考以下安全建议：

（1）如可能，搜索时尽量采取合适的较高高度飞行，这样有利于较早地与遇险航空器、船只以及遇险者建立无线电联络；更容易截获定位信标的信号；扩大目视搜索范围，更容易发现遇险者。

（2）到达遇险区域上空时，不要急于实施救援。先低空盘旋侦查遇险区域的环境以及周边障碍物情况、判断风向风速、选择可降落的区域或绞车区域，然后评估救援的可行性并协调救援方法。

①若区域足够，降落来营救遇险者会更安全。但需要注意的是由于人在紧急情况下的求生欲望强烈，遇险者又未受过乘机安全知识培训，不了解直升机的旋翼和尾桨的危险性，可能会争先恐后一拥而上，因此机组要组织遇险者有序登机，防止因组织不利造成人员二次伤害以及直升机的损毁。

②若使用绞车营救遇险者，情况允许时，下到地面的救生员应与遇险者进行简约沟通，告知吊运过程中及登机后的注意事项，防止吊运过程中发生意外事故。

（3）实施绞车吊运前，建议机组悬停在一个合适的高度上，对直升机的功率进行检查，确保有足够剩余功率。

（4）在一些较小且障碍物较多的绞车区域以及天气情况较复杂时，实施吊运前，建议机组先做一次模拟吊运，测试驾驶员能否在一定时间内保持稳定悬停、绞车手能否完全控制设备以及机组之间的配合是否流畅。如可以，实施吊运；如不能，建议取消任务或选择其他方法实施救援。

（5）在海上实施救援时，由于海面广阔且参照物较少或海上参照物随风和洋流移动而造成的视觉误差以及长时间注视海面造成的视觉疲劳，导致保持精确的悬停高度和位置比较困难，不利于绞车救援。建议驾驶员视线在外界和内部仪表之间扫视，参考外面参照物保持高度和位置的同时，并参考仪表指示，这样既能缓解视觉疲劳又能更好地保持悬停高度和位置。

第三节　消防培训

应用直升机进行森林灭火主要有直接性灭火作业和间接性灭火作业两种模式。直接性灭火作业有吊桶灭火、机腹式水箱灭火和外挂水炮灭火三种方式；间接性灭火作业主要是运用直升机机降灭火和索降灭火两种方式。

吊桶灭火是利用直升机装备外挂吊桶载水，从空中直接将水或灭火剂喷洒在火头和火线上，进而扑灭森林火灾的直接灭火方式。消防吊桶主要用于直升机空中投放式灭火。当消防吊桶安装完成，配挂于直升机机腹下方后，直升机可以携带消防吊桶到达水源上空，将桶体放入水中，待桶体整个没入水中，将桶体提起，完成取水。直升机携带消防吊桶飞行至火场上空，根据风向和高度确定放水时间。需要放水灭火时，直升机上操作人员操纵开关，打开放水口，将桶内水释放完毕，达到灭火效果。该方法可广泛地应用于航空护林、森林灭火、草原灭火、高层建筑灭火等领域。吊桶灭火有一定的限制条件和操作方法。一是水源不能离火场太远，水域面积要大，要有一定深度，水中无障碍物，净空条件好；二是需要准确确定吊桶载水量，进入水面上空后需要悬停在距水面10米处取水，上提时不宜做急转弯，挂空桶飞行时，速度不宜过快；三是要依据森林火灾不同的燃烧状态（线状燃烧或点状燃烧）和不同的风向（静风、顺风或逆风），采用不同的洒水技术。如图5.18所示。

图 5.18　吊桶灭火

（图片拍摄于国家重点研发计划"航空应急救援关键技术研究及应用示范"
项目森林消防航空应急救援装备应用验证现场）

机腹式水箱灭火与吊桶灭火方式近似，同样是直升机加装载水设备，在空中向火头和火线喷洒水或灭火剂的直接灭火方式。直升机加载机腹式水箱设备相较于吊桶而言储水量更大，取水速度更快，有效带水时间更长，同时洒水高度更低，稳定性及安全性更高。在灭火作业时可采取连续喷洒或阶段性分次喷洒方式，能迅速做到多火点的喷洒灭火。在扑救强度较高、蔓延速度快的森林火灾时，可以分次扑灭火头、火线、树冠火，减少森林资源的损失。如图5.19所示。

图5.19　机腹式水箱灭火

　　外挂水炮灭火是为满足城市等特殊地域消防灭火需求进行改进的精准灭火系统，该系统主要由炮塔、炮管、操作控制与显示装置、增压泵、安装板等组成。水炮的炮管可进行上下左右旋转，从而实现点对点精准灭火。如图5.20所示。

图 5.20 外挂水炮灭火

第六章　地面人员培训

第一节　地面场站分类

　　航空应急救援地面场站是实施航空应急救援任务的地面备勤场地或起降点。根据北京航空航天大学通用航空产业研究中心依托国家重点研发计划"航空应急救援关键技术研究及应用示范"项目牵头编制的《航空应急救援场站等级划分（T/AOPA 0002 – 2020)》标准，我们把航空应急救援场站分为区域航空应急救援中心、城市航空应急救援基地和片区航空应急救援起降点三个等级，明确了各类航空应急救援场站的设施设备、物资及人员配置要求，并设计了相应的标识图，可以在场站地面、建筑物顶和墙体进行相应的喷涂以标识该场站的级别，如图6.1。

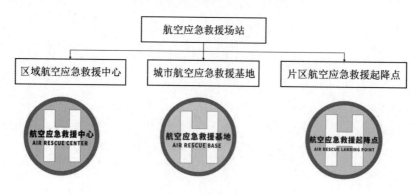

图 6.1　航空应急救援场站分类

　　区域航空应急救援中心是以省域及跨省区域为单位，主要处置事件等级高、波及范围广的紧急突发事件及医疗救助，承担区域航空应急救援快速响应、指挥调度及执行急难险重救援任务职责。选址时优先考虑区域内中心城市的民航机场及 A1 类通用机场，且必须配有供执行航空应急救援任务使用的跑道、机坪、机库、指挥中心、办公楼、培

训中心、物资仓库、维修站、小型航材库、医疗站及消防站等，配置相应的人员及物
资，如图 6.2 所示。

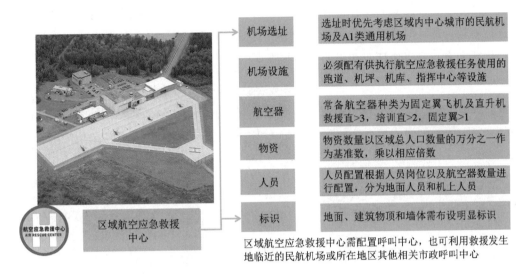

机场选址	选址时优先考虑区域内中心城市的民航机场及A1类通用机场
机场设施	必须配有供执行航空应急救援任务使用的跑道、机坪、机库、指挥中心等设施
航空器	常备航空器种类为固定翼飞机及直升机救援直>3，培训直>2，固定翼>1
物资	物资数量以区域总人口数量的万分之一作为基准数，乘以相应倍数
人员	人员配置根据人员岗位以及航空器数量进行配置，分为地面人员和机上人员
标识	地面、建筑物顶和墙体需布设明显标识

区域航空应急救援中心需配置呼叫中心，也可利用救援发生地临近的民航机场或所在地区其他相关市政呼叫中心

图 6.2　区域航空应急救援中心建设标准及示意图

城市航空应急救援基地是以地级市及其以上城市为单位，主要应对发生在所辖区域
内、未波及其他城市的相对等级较低的突发事件及医疗救助，承担全市范围内航空应急
救援快速响应、指挥调度和执行航空应急救援任务职责。选址时优先考虑城市范围内民
航支线机场及 A1、A2 类通用机场。城市航空应急救援基地必须配有供执行航空应急救
援任务使用的机坪、日常训练点、市级指挥中心及救援物资仓库等，配置相应的人员及
物资，如图 6.3 所示。

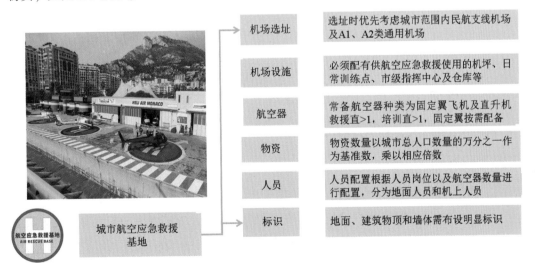

机场选址	选址时优先考虑城市范围内民航支线机场及A1、A2类通用机场
机场设施	必须配有供航空应急救援使用的机坪、日常训练点、市级指挥中心及仓库等
航空器	常备航空器种类为固定翼飞机及直升机救援直>1，培训直>1，固定翼按需配备
物资	物资数量以城市总人口数量的万分之一作为基准数，乘以相应倍数
人员	人员配置根据人员岗位以及航空器数量进行配置，分为地面人员和机上人员
标识	地面、建筑物顶和墙体需布设明显标识

图 6.3　城市航空应急救援基地建设标准及示意图

片区航空应急救援起降点主要是根据救援直升机的辐射半径和响应时间来分布，设置在具备垂直起降条件并可以对救援任务快速响应的场地，主要强调的是在区域内均匀并广泛地分布，在接到突发救援任务时可以快速响应并保障垂直起降飞行器到达救援现场进行施救。选址时优先考虑城市楼顶、中心医院、体育场馆、高速公路服务站等场所，仅需配有直升机机坪及布设明显的起降点标识，如图6.4。

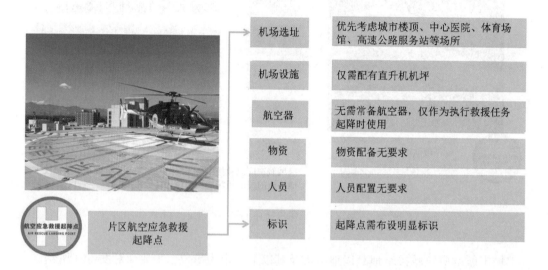

图6.4　片区航空应急救援起降点建设标准及示意图

第二节　地面保障资源配备

航空应急救援地面保障资源是指备勤在航空应急救援场站的用于航空应急救援的设施设备、物资及人员。

一、航空应急救援地面保障设施设备

航空应急救援场站地面保障设施主要包括停机坪、地面保障设备和地面起降灯光设备等。

1. 停机坪

停机坪的部署包括停机坪选址、刷漆、划线、标识、外围围栏的安装等。在人员繁杂的医院急诊入口处为救援直升机提供明确标识，满足日常起降使用和防护需要。

2. 地面保障装备

航空应急救援基地的地面保障装备主要包括加油车、储油油桶、鹰嘴搬运升高车、油桶搬运车、飞行器维修工具、飞行器保障基础设施等。

3. 地面起降灯光设备

航空应急救援基地的地面起降灯光设备是指固定灯光引导设备，在能见度低或者夜间环境下，提供基本的起降灯光信号，引导飞行员按照安全、可靠的进近角度准确进场着陆，具备夜航起降保障能力。

4. 应急救援专用设备

对于开展航空应急救援的基地来说，搜索救援、医疗救护等设备是必要的专用保障装备。

二、航空应急救援场站设施设备、物资及人员配置

《航空应急救援场站等级划分（T/AOPA 0002 - 2020）》分别对区域航空应急救援中心、城市航空应急救援基地这两类航空应急救援场站的地面常态化备勤设施设备、物资及人员配置提出了规范化要求（见表 6.1 和表 6.2），对于片区航空应急救援起降点则没有常备设施设备、物资及人员配置要求。常备设施设备、物资及人员配置原则是，根据区域或城市人口数量来配备，以区域或城市总人口数量的万分之一作为基准数，然后根据物资种类和使用频率乘以相应的倍数，以此数量作为区域航空应急救援中心或城市航空应急救援基地的最低配置要求。

1. 区域航空应急救援中心设施设备人员配置指标

区域航空应急救援中心设施设备人员配置指标见表 6.1。

表 6.1　区域航空应急救援中心设施设备人员配置指标

航空器					
序号	种类	名　称	单位	数量	备注
1	航空器	直升机	架	≥5	
2		固定翼	架	≥1	
设备					
序号	种类	名称	单位	数量	备注
1	医疗物资	乳胶手套	付	≥2 * 基准数	基准数 = 区域人口的万分之一
2		灭菌手套	付	≥2 * 基准数	
3		一次性医用丁腈手套	付	≥2 * 基准数	

（续表）

设备					
序号	种类	名称	单位	数量	备注
4	医疗物资	一次性口罩	个	≥2＊基准数	基准数＝区域人口的万分之一
5		一次性鞋套	只	≥2＊基准数	
6		一次性担架单	片	≥2＊基准数	
7		一次性手术衣	件	≥2＊基准数	
8		N95 口罩（杯式）	个	≥2＊基准数	
9		靴套	付	≥2＊基准数	
10		一次性帽子	只	≥2＊基准数	
11		防毒过滤芯	对	≥基准数	
12		防护服	套	≥基准数	
13		防护眼罩	付	≥基准数	
14		动力头罩	个	≥基准数	
15		一次性全面罩	套	≥基准数	
16		过滤罐	套	≥基准数	
17		防护面屏	套	≥基准数	
18		防毒面具	个	≥基准数	
19		铝塑软夹板	个	≥基准数/2	
20		劲托（普）	个	≥基准数/2	
21		劲托（进口）	个	≥基准数/2	
22		三角巾	个	≥基准数/2	
23		卡扣止血带	个	≥基准数/2	
24		弹性绷带（大）	个	≥基准数/2	
25		弹性绷带（小）	个	≥基准数/2	
26		伤票	个	≥基准数/2	
27		隔离帽（布）	只	≥基准数/2	
28		C 级防护服	套	≥基准数/3	
29		防护靴	双	≥基准数/4	
30		喷雾消毒壶	个	≥基准数/4	
31		隔离衣、裤（布）	套	≥基准数/4	
32		无袖网眼上衣	件	≥基准数/5	
33		防砸靴	双	≥基准数/5	
34		抢险头盔	顶	≥基准数/5	
35		安全头盔	顶	≥基准数/5	

(续表)

设备					
序号	种类	名称	单位	数量	备注
36	医疗物资	血压表	块	≥基准数/20	基准数＝区域人口的万分之一
37		听诊器	付	≥基准数/20	
38		救护毛毯	条	≥基准数/20	
39		头部固定器	套	≥基准数/20	
40		A级防化服	件	≥基准数/20	
41		急救药械箱	个	≥基准数/20	
42		脊椎固定板	个	≥基准数/20	
43		电子体温计	支	≥基准数/20	
44		双肩背急救包	个	≥基准数/20	
45		呼吸机	台	≥基准数/20	
46		监护除颤仪	台	≥基准数/20	
47		心电图机	台	≥基准数/20	
48		吸引器	台	≥基准数/20	
49		按压泵	台	≥基准数/20	
50		喉镜	个	≥基准数/20	
51		通用担架	个	≥基准数/20	
52		铲式担架	个	≥基准数/20	
53		指挥喇叭	个	≥基准数/50	
54		现场分区垫	套	≥基准数/200	
55		四角帐篷	个	≥基准数/200	
56		折叠桌椅	个	≥基准数/200	
57	切割用品	氧气切割机	个/架	≥3	根据事件种类
58		手提切割机	个/架	≥3	
59		电锯	个/架	≥3	
60		钢筋剪	个/架	≥6	
61	千斤顶	千斤顶	个/架	≥3	
62	绞车	绞车	个/架	≥3	
63	绳索	安全绳	条/架	≥6	
64		钢丝绳	条/架	≥6	
65		专用救援软绳	条/架	≥6	
66	水上用品	浮筒	组/架	≥3	
67		救生衣、救生圈等	个/架	≥3	
68	夜间作业	直升机专用探照灯	个/架	≥3	
60		手电筒	个/架	≥10	
70	消防灭火	吊桶等灭火设备	个/架	≥3	

（续表）

人员					
序号	种类	名称	单位	人数	备注
1	地面人员	指挥人员	人	≥2	
2		运控人员	人	≥1	
3		后勤人员	人	≥1	
4		培训相关人员	人	视情况	
5	机上人员	飞行机组	人/架	2	
6		机务人员	人/架	2	根据机型
7		医务人员	人/架	1~2	根据事件种类
8		搜救人员	人/架	1~2	

2. 城市航空应急救援基地设施设备人员配置指标

城市航空应急救援基地设施设备人员配置指标见表6.2。

表6.2　城市航空应急救援基地设施设备人员配置指标

航空器					
序号	种类	名　称	单位	数量	备注
1	航空器	直升机	架	≥2	
2		固定翼	架	根据需要	

设备					
序号	种类	名　称	单位	数量	备注
1	医疗物资	乳胶手套	付	≥2*基准数	基准数 =城市人口的万分之一
2		灭菌手套	付	≥2*基准数	
3		一次性医用丁腈手套	付	≥2*基准数	
4		一次性口罩	个	≥2*基准数	
5		一次性鞋套	只	≥2*基准数	
6		一次性担架单	片	≥2*基准数	
7		一次性手术衣	件	≥2*基准数	
8		N95口罩（杯式）	个	≥2*基准数	
9		靴套	付	≥2*基准数	
10		一次性帽子	只	≥2*基准数	
11		防毒过滤芯	对	≥基准数	
12		防护服	套	≥基准数	
13		防护眼罩	付	≥基准数	
14		动力头罩	个	≥基准数	

（续表）

设备					
序号	种类	名　称	单位	数量	备注
15		一次性全面罩	套	≥基准数	
16		过滤罐	套	≥基准数	
17		防护面屏	套	≥基准数	
18		防毒面具	个	≥基准数	
19		铝塑软夹板	个	≥基准数/2	
20		劲托（普）	个	≥基准数/2	
21		劲托（进口）	个	≥基准数/2	
22		三角巾	个	≥基准数/2	
23		卡扣止血带	个	≥基准数/2	
24		弹性绷带（大）	个	≥基准数/2	
25		弹性绷带（小）	个	≥基准数/2	
26		伤票	个	≥基准数/2	
27		隔离帽（布）	只	≥基准数/2	
28		C 级防护服	套	≥基准数/3	
29		防护靴	双	≥基准数/4	
30	医疗物资	喷雾消毒壶	个	≥基准数/4	基准数＝城市人口的万分之一
31		隔离衣、裤（布）	套	≥基准数/4	
32		无袖网眼上衣	件	≥基准数/5	
33		防砸靴	双	≥基准数/5	
34		抢险头盔	顶	≥基准数/5	
35		安全头盔	顶	≥基准数/5	
36		血压表	块	≥基准数/20	
37		听诊器	付	≥基准数/20	
38		救护毛毯	条	≥基准数/20	
39		头部固定器	套	≥基准数/20	
40		A 级防化服	件	≥基准数/20	
41		急救药械箱	个	≥基准数/20	
42		脊椎固定板	个	≥基准数/20	
43		电子体温计	支	≥基准数/20	
44		双肩背急救包	个	≥基准数/20	
45		呼吸机	台	≥基准数/20	
46		监护除颤仪	台	≥基准数/20	

（续表）

设备					
序号	种类	名　称	单位	数量	备注
47	医疗物资	心电图机	台	≥基准数/20	基准数 = 城市人口的万分之一
48		吸引器	台	≥基准数/20	
49		按压泵	台	≥基准数/20	
50		喉镜	个	≥基准数/20	
51		通用担架	个	≥基准数/20	
52		铲式担架	个	≥基准数/20	
53		指挥喇叭	个	≥基准数/50	
54		现场分区垫	套	≥基准数/200	
55		四角帐篷	个	≥基准数/200	
56		折叠桌椅	个	≥基准数/200	
57	切割用品	氧气切割机	个/架	≥3	根据事件种类
58		手提切割机	个/架	≥3	
59		电锯	个/架	≥3	
60		钢筋剪	个/架	≥6	
61	千斤顶	千斤顶	个/架	≥3	
62	绞车	绞车	个/架	≥3	
63	绳索	安全绳	条/架	≥6	
64		钢丝绳	条/架	≥6	
65		专用救援软绳	条/架	≥6	
66	水上用品	浮筒	组/架	≥3	
67		救生衣、救生圈等	个/架	≥3	
68	夜间作业	直升机专用探照灯	个/架	≥3	
69		手电筒	个/架	≥10	
70	消防灭火	吊桶等灭火设备	个/架	≥3	
人员					
序号	种类	名称	单位	人数	备注
1	地面人员	指挥人员	人	≥1	可选
2		运控人员	人	≥1	可选
3		后勤人员	人	1	
4		培训相关人员	人	视情况	
5	机上人员	飞行机组	人/架	2	
6		机务人员	人/架	2	根据机型
7		医务人员	人/架	1～2	根据事件种类
8		搜救人员	人/架	1～2	

第三节　地面人员分类

航空应急救援的地面调度人员，按照工作场所及单位主体主要分布在航空应急救援体系指挥中心、机场（起降点）、飞行器运营单位、专业救援单位、综合基地/专业基地、现场指挥中心等。相关人员和职责如下。

1. 航空应急救援体系指挥中心

值班人员。第一时间参与应急救援指挥的往往是值班人员。负责航空应急救援日常值守，通过电话接报救援事件或通过平台、电话接收外部单位下达救援事件或下属分中心的事件协调需求，登记、核实事件信息，并向指挥人员汇报。

指挥人员。负责事件的指挥决策，对事件进行子任务分解、提出资源需求并调度飞行器、机场（起降点）、救援队伍等资源，下发资源任务，监控事件/任务执行过程，协调任务执行过程中各种事宜。

中心领导。协调多个事件处置，协调上报问题，负责指挥中心的总体指挥决策。安排班次及工作人员。

数据和系统管理员。维护救援资源、参与单位等基础数据；维护指挥中心组织架构、管理平台用户、权限分配、平台日常运维。

2. 机场（起降点）

调度员。应急值守，接受地面保障类资源任务。协调调度单位内部人员等资源，实施保障，反馈任务进度、反馈保障资源可用性。

作业人员。在飞行器执行任务期间实施保障类资源任务，包括驾驶保障车辆、机务维修、地面保障等作业，向指挥中心反馈现场保障任务进展，接收现场保障任务。

3. 飞行运营单位

调度员。应急值守，接受地面保障类资源任务。协调调度单位内部人员等资源，实施保障，反馈任务进度、反馈保障资源可用性。

作业人员。操控飞行器或协助完成航空应急救援任务，接收指挥中心飞行任务，反馈现场任务进展。

4. 专业救援单位

调度员。接收指挥中心下达的专业救援的资源任务，协调救援人员资源，反馈救援资源的可用性。

作业人员。搭乘飞行器操作专业救援设备，执行专业救援任务，反馈现场任务进展。

5. 综合基地/专业基地

调度员。接受指挥中心下达的飞行类、保障类、专业救援类的资源任务，协调飞行、保障、专业救援人员资源，反馈救援资源的可用性。

作业人员。执行飞行、保障、专业救援任务的作业人员，接收并执行指挥中心安排的专业救援任务，反馈现场任务进展。

6. 现场指挥中心

现场指挥人员。负责单个任务现场的指挥决策，在设置的现场指挥中心指挥现场救援活动，接收所属指挥中心的指挥指令，指挥调度现场作业人员及资源，接收上报信息，反馈现场任务进展；根据现场任务进展，启动预案，指定现场处置方案；必要时指挥中心可越级指挥，派出现场指挥人员及资源。

作业人员。包括参与航空应急现场救援的机场（起降点）、飞行器运营单位、专业救援单位的各类作业人员。

上述几大场所或单位中，调度人员大多身处地面提供信息和决策保障；作业人员中少部分登机作业，大部分在地面提供设备设施维护与安全等地面保障工作。

第四节　地面指挥平台配备

一、航空应急救援地面指挥管理平台

航空应急救援地面指挥管理平台主要由地面指挥中心及其所配置的计算机、网络、通信等硬件，以及运行其上的航空应急救援指挥调度平台软件构成。

1. 系统架构

航空应急救援地面指挥调度平台系统架构通常可分为四层，数据存储层、系统服务层、业务应用层、终端展现层，如图 6.5 所示。

（1）数据存储层建立各种类型的数据库，存储航空应急救援的各类主题数据，包括应急预案数据库、应急资源数据库、地理信息数据库、视频数据库等。

（2）系统服务层封装各类公共服务，为各种类型的应用和终端提供系统级的服务，包括定位服务、地理信息服务、通信服务、视频服务等本系统的公共服务，也包括天气信息服务、空域管控服务等第三方信息接口服务。

（3）业务应用层实现平台及各子系统的业务功能，包括应急值守、辅助研判、指挥调度、飞行监控、态势标绘等。

（4）终端展现层在参与应急救援活动中的移动及固定终端展现业务应用，实现业务功能，包括单兵终端、航空器机载终端、救援指挥/地面保障车辆车载终端、智能手机、平板电脑等移动设备和 PC、指挥大屏等固定终端设备，部分移动终端还作为现场数据采集的来源。

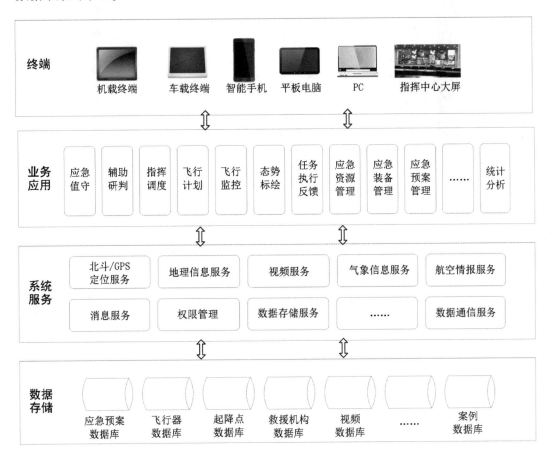

图 6.5 航空应急救援地面指挥平台系统架构

2. 平台功能

平台提供的主要功能包括：

（1）应急值守：日常接警值守，负责接收应急管理部门下达的航空应急救援任务或大众报告的应急救援事件，包括事件类型、地点（GPS 位置）、任务内容、要求等信息。如图 6.6 所示。

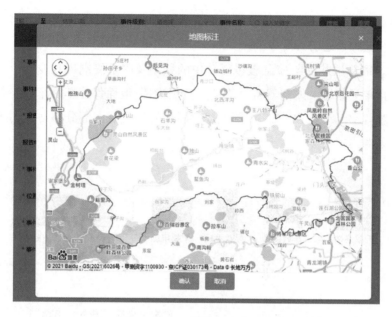

图 6.6　事件接报

（2）任务分派：对复杂事件的救援，可按照任务类型进行分派，便于进行专业性指挥调度及信息支撑。任务分解时要明确任务的资源需求，包括基地、飞行器运营人、飞行器、机载装备、起降地点要求、专业救援人员等。如图 6.7 所示。

新增子任务			×
事件编号：20210608102701		任务编号：	
* 任务名称：		* 任务类型：请选择任务件类型	∧
预案：	选择	海上搜救	
		山区搜救	
		医疗救援	
保存　保存并调度　取		森林消防	
		物资运输	
		其他	

图 6.7　任务分派

（3）资源调度：查看平台中救援资源实时态势，快速查询事发地点或指定地点周边的可用救援力量，基于 GIS 直观查看资源距离指定地点距离，在查询结果中同时显示距离并按照由近到远排序展示，便于指挥人员快速搜索调度飞行器、起降点、救援队伍等资源，下发资源任务。如图6.8、图6.9所示。

图6.8　救援资源需求管理

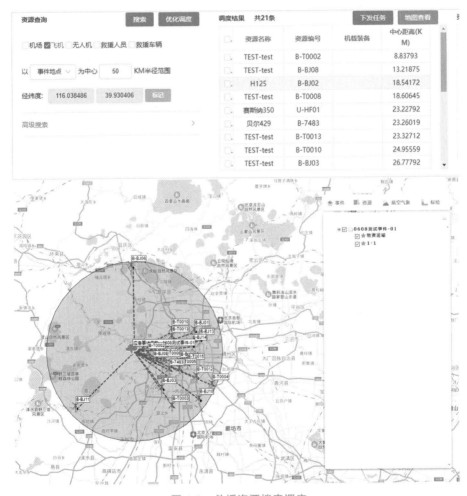

图6.9　救援资源搜索调度

（4）态势标绘：基于 GIS 标绘事件态势，根据现场事件发展情况部署救援力量，为事件处置提供指导。如图 6.10 所示。

图 6.10　态势标绘

（5）飞行计划管理：通用航空企业可进行飞行计划管理，通过对接飞行服务站或空管部门系统可实现飞行计划的提交、审批、执行过程的记录。如图 6.11 所示。

图 6.11　飞行计划管理

（6）事件态势监控：监控平台中的飞行器、车辆、救援人员的实时可用状态、实时位置，记录位置轨迹，在历史事件管理中可实现对历史轨迹回放。如图 6.12 所示。

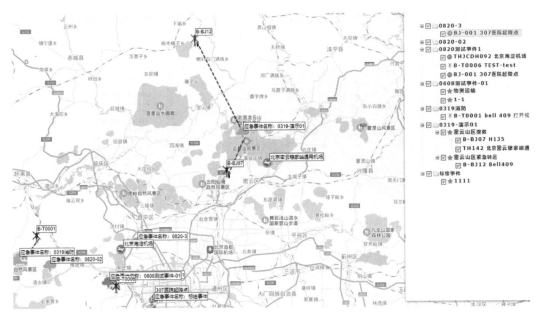

图 6.12　事件态势监控

（7）任务执行反馈：救援参与单位、人员可通过相应终端汇报任务进展。航空应急救援指挥中心向任务下达部门反馈任务进展。如图 6.13 所示。

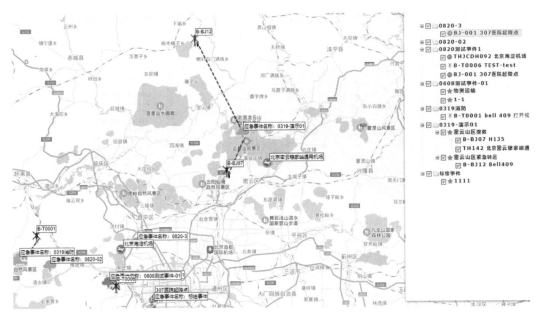

图 6.13　任务执行汇报

（8）航空专业数据：提供航空气象数据融合接入，管理空域信息、航行资料等专题数据。如图6.14所示。

图6.14　航空气象数据融合

（9）应急预案管理：对航空应急救援的应急预案进行管理，按照事件类型、任务类型将对应的预案管理起来，方便快速查看调用。如图6.15所示。

新建预案			✕
*预案名称：		*预案编号：	
*事件类型： 请选择 ∨		*事件级别： 请选择 ∨	
*任务类型： 请选择 ∨		*任务级别： 请选择 ∨	
*预案描述：			
预案文件： 选取文件			
查看文件			

确定　取消

图6.15　预案管理

（10）统计分析：对平台中的应急救援任务进行多维度的统计分析，如年度任务统计、单个任务的资源统计、任务分布统计等。如图6.16所示。

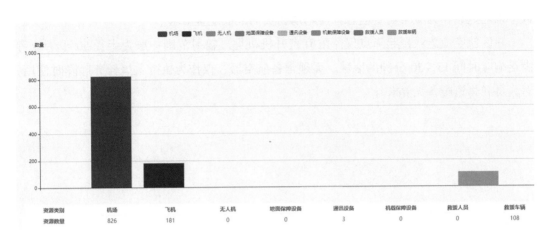

图 6.16　统计分析

（11）系统管理：提供组织结构管理、用户管理、角色管理、权限管理、系统日志等功能，实现覆盖指挥中心、通用航空公司、救援基地等多类机构的不同岗位的用户维护、权限分配及操作日志查看功能。

二、航空应急救援场站设施、物资配备原则

区域航空应急救援中心必须配有供执行航空应急救援任务使用的跑道、机坪、机库、指挥中心、办公楼、培训中心、物资仓库、维修站、小型航材库、医疗站及消防站等。如果机场内已有上述设施，并且机场运行与航空应急救援功能互不影响，可使用机场内已有设施，否则需另外建设。常备航空器种类为固定翼飞机、直升机以及无人机；不同地区的区域救援中心航空器数量按实际需求配置。常备物资种类应能满足区域实施卫生应急、交通应急、消防应急、地震应急、厂矿应急、医疗救助等航空应急救援任务的需要。常备物资数量根据区域人口数量来配备，以区域总人口数量的万分之一作为基准数，然后根据物资种类和使用频率乘以相应的倍数，以此数量作为区域航空应急救援中心物资的最低配置要求。

城市航空应急救援基地必须配有供执行航空应急救援任务使用的机坪、日常训练点、市级指挥中心及仓库。应服从区域航空应急救援中心调派，辐射区域包括城市所辖地级市和所有区县乡镇范围，主要满足城市所辖区域航空应急救援需求。常备航空器种类为固定翼飞机、直升机以及无人机；不同城市救援基地的航空器数量应按需配置。常备物资种类应能满足城市实施卫生应急、交通应急、消防应急、地震应急、厂矿应急、医疗救助等航空应急救援任务的需要。常备物资数量根据城市辖区人口数量来配备，以城市总人口数量的万分之一作为基准数，然后根据物资种类和使用频率乘以相应的倍

数，以此数量作为城市航空应急救援基地物资的最低配置要求。

片区航空应急救援起降点仅需配有直升机机坪。辐射范围一般为半径 50 千米或者满足响应时间 15～30 分钟的区域。无须常备航空器，仅作为执行救援任务起降时使用，对人员和物资配备无要求。

第三部分

综合培训与演练

第七章 运行协同

第一节 运行机制及救援主体

一、航空应急救援运行机制

应急救援运行机制是突发事件应急救援系统针对可能发生的突发事件，为保证快速有效的实施应急救援行动，降低损失，对系统内的组织机构、救援人员、救援装备、应急物资等做好相关指挥与协调的过程。航空应急救援应根据其救援行动特点、后勤保障特点及组织协调过程特点建立和完善运行机制。航空应急救援本质上是应急救援的一种具体方式，特指依靠航空器、机载专业救援装备等航空技术装备和机场地面保障、空中交通管理服务等航空技术手段实施应急救援的行为，与其他救援方式的区别主要在于组织协调、管理和应用的技术手段及装备。根据航空应急救援的本质，航空应急救援运行机制可定义为利用航空器及机载专业救援装备实施搜索救援、伤员转运、物资投放等救援任务，将突发事件造成的损失及后果降至最低的组织协调过程。

2008 年的汶川地震，暴露出我国航空应急救援方面的不足，表明我国航空应急救援体系还不够完善。历次的航空应急救援都是在突发事件发生后，临时组织航空器被动地飞往目的地执行救援任务，这严重影响了救援的效果。我国的航空应急救援运行机制一直以来呈现以行政为主导、政治动员能力强的特点，不同的行政部门负责管理不同类型的突发事件。突发事件发生时，按其类型和原因一般由相应部门主要负责，以单灾种应对为主。实施救援时，过分依靠军用飞机作为应急救援的主体，对社会组织如何参与应急救援及如何做好相应的协调工作没有相关规定。

为防范化解重特大安全风险，健全公共安全体系，整合优化应急力量和资源，推动形成统一指挥、专常兼备、反应灵敏、上下联动、平战结合的中国特色应急管理体制，提高防灾减灾救灾能力，保障人民群众生命财产安全和维护社会稳定。我国于2018年3月正式设立中华人民共和国应急管理部，作为国务院组成部门，将国家安全生产监督管理总局的职责、国务院办公厅的应急管理职责、公安部的消防管理职责、民政部的救灾职责、国土资源部的地质灾害防治、水利部的水旱灾害防治、农业部的草原防火、国家林业局的森林防火相关职责，中国地震局的震灾应急救援职责以及国家防汛抗旱总指挥部、国家减灾委员会、国务院抗震救灾指挥部、国家森林防火指挥部的职责进行了整合。

应急管理部的主要职责为：组织编制国家应急总体预案和规划，指导各地区各部门应对突发事件工作，推动应急预案体系建设和预案演练。建立灾情报告系统并统一发布灾情，统筹应急力量建设和物资储备并在救灾时统一调度，组织灾害救助体系建设，指导安全生产类、自然灾害类应急救援，承担国家应对特别重大灾害指挥部工作。指导火灾、水旱灾害、地质灾害等防治工作。负责安全生产综合监督管理和工矿商贸行业安全生产监督管理等。公安消防部队、武警森林部队转制后，与安全生产等应急救援队伍一并作为综合性常备应急骨干力量，由应急管理部管理。

二、航空应急救援主体

航空救援是一个需要多方协同参与的救援体系，其救援作业的开展离不开从管理、实施、辅助部门乃至被救人员的综合配合与协作。当前我国航空救援的主要救援主体及其在应急活动中的角色如表7.1所示。

表7.1　航空应急救援的主体

救援主体	职能	特点	角色作用
政府部门	政府部门通过协同各方力量，调配各种资源，组织实施救援，往往处于应急救援工作的核心地位。	建立了较为完善的通报体系，通常能够在突发事件发生后的第一时间内得到报警信息，并在随后的应急救援过程中发挥领导作用。	政府工作效率的高低，反应速度的快慢，采取的措施是否得当，将直接影响到应急救援工作的效率和质量。
军队	国家航空应急救援行动的主要执行力量，也是航空救援装备的主要持有部门。	组织性好，纪律性强，有较完善可靠的后勤、卫生防疫等支持，是救援活动中最重要可靠的有生力量。	在危险性较大、救援任务较为艰巨的救援活动中，军队都扮演了非常重要的角色。
非政府组织	民间团体和各类公益性的慈善资助组织，可以为突发事件提供紧急救援和各类支持，例如红十字会航空救援队。	这些组织具有丰富、专业的应急救援经验，能提供各类专业物资、器材和人员，并能够随时应对突发事件。同时，还提供专业化的救援指导和培训。	对于提高应急救援的效率，恢复受灾受困人员的信心，往往能起到意想不到的作用。

救援主体	职能	特点	角色作用
商业化救援机构	这些机构通常与保险公司、医院以及车辆维修企业等密切合作，向参保的人员或特定人群提供应急救援服务。	平时作为商业化力量独立运行，遇重大自然灾害时，该机构即作为一支专业化的救援力量投入应急抢险工作中。	该方式在国外已开展多年，拥有大量的投保人群，经济效益和社会效益都非常明显。我国在民政部的组织下，组建了中援应急投资有限公司，逐步开展陆地、海上等各类应急救援服务。
公众	受灾群众或自发或在当地政府组织下，积极参与救援活动。	包括直接受害者，也包括突发事件的最先发现者，他们拥有突发事件最直观、最准确的大量有效信息。	公众实施的自救和互救，能够在一定程度上填补支援到达前救援力量的真空，为赢得救援时间、降低死亡人数做出了巨大贡献。

第二节　航空应急救援流程

一、航空应急救援整体流程

航空应急救援从任务开始到结束，涉及各类部门。主要包括管理部门、救援单位、协同部门三大类。管理部门包括中国民用航空局、中国民用航空地区管理局、中国民用航空安全监督管理局，各省（市、自治区）人民政府等；救援单位为实施航空应急救援的各级场地，包括区域航空应急救援中心、城市航空应急救援基地以及航空应急救援起降点；协同部门主要包括国家海上搜寻救助力量、地方人民政府、公安、消防、交通、医疗救护及相关部门，解放军、武警部队，航空公司等。在实施救援的过程中，根据不同的情况参与协同的部门存在差异，但从整体流程上看，主要分为四个阶段，分别为任务受理阶段、救援准备阶段、救援响应阶段和救援总结阶段。因此在救援过程中，应在遵循以下基础流程的前提下根据实际情况适当进行修改与完善。

1. 任务受理阶段

求助人员拨打求救电话，航空应急救援指挥中心的呼叫中心通过各种途径获取事件信息、任务区域位置、周边环境等基本信息；航空救援指挥中心的运控部门与飞行部门根据气象、任务周边环境等信息对事件进行运控评估与飞行部评估，并根据实际情况确定本次救援任务需要参与协同的部门以及航空应急救援场站。如若不符合航空应急救援条件，则根据事件性质，联系事件相关的部门处理。

2. 救援准备阶段

若符合航空应急救援条件，则立即联系需要参与协同的部门及航空应急救援基地进入准备阶段，完成救援预案的确定、飞行计划申报、航空器检查、飞行线路选择、救援用品确认等准备工作。

3. 救援响应阶段

根据事件的不同，救援人员携带相应装备物资登机，完成指定救援任务。在直升机赶往事故发生地的同时，事故现场人员应做好接机准备。若地面不适宜直升机降落则准备悬停和索降，救援人员首先应对伤者进行营救，转移至安全地带，并控制现场，迅速消除危险源；医护人员首先对伤者进行现场急救，稳定伤情，针对伤情作出相关应对措施，直至完成任务开始返航。

4. 救援总结阶段

救援结束后，返回救援基地，航空应急救援指挥中心及救援人员都要对本次任务过程进行详细地分析，总结经验，找出不足，改进方式，同时编写任务报告存档，并上报至相关管理部门。

航空应急救援整体流程见图7.1。

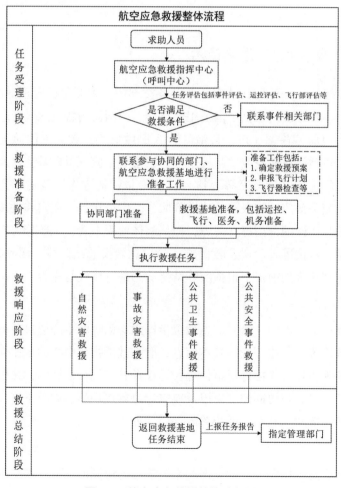

图7.1 航空应急救援整体流程图

二、基于任务分类的航空应急救援流程

（一）航空医疗救护

根据求助人员的情况，航空医疗救护分为院前急救与院间转运两大类。院前急救是指在院外对急需救治的病人进行紧急抢救，包括在病人到达医院前所实施的现场抢救和途中监护的医疗活动。院间转运是指医院有组织、有准备地将危重病人从基层医院转运到专业医院治疗或者将医生从外地医院接到病人所在医院的过程。

1. 院前急救流程

任务受理阶段、救援准备阶段、救援总结阶段三个阶段与其他航空应急救援流程基本相同，只在救援响应阶段有其特定要求及注意事项，主要包括以下几点：

（1）医护人员在接到救援指令后即通过电话沟通了解患者病情，同时进行医疗资源、药品准备，并进行救援、转运计划设计。在飞行过程中，机舱内部保持通信顺畅，密切观察窗外情况，遇到障碍提醒飞行员，尤其在起飞、降落时协助观察。

（2）登机前患者处置。医护人员在到达救援现场或目的地时要迅速对患者进行检查、评估，并进行初步的医疗处置。主要流程为：①评估现场环境的安全性，向现场人员了解情况；②观察并确认患者位置，帮助患者脱离危险环境；③迅速对患者进行检查，进行初步医疗处置；④登机前再次检查评估患者，特殊处理做好记录；⑤医师协调现场人员搬运患者登机。

当发生群体事件导致多人受伤时，先对受伤人员进行初步的伤情判断，并做上标记，分别为死亡（黑色标识）、重伤（红色标识）、中度伤（黄色标识）、轻伤（绿色标识）。现场必须遵循的救治顺序为第一优先重伤员，其次优先中度伤员，稍后处置轻伤员，最后处理死亡遗体。

（3）过程观察。医护人员在到达医院的过程中要随时向医院报告患者的病情变化。当怀疑伤员有颈、胸、腰椎部位骨折时要平抱平抬，不能屈曲，使伤员保持平卧于硬板上，头部两侧用枕头或沙袋围起、固定；重伤员需现场抢救稳定后方可转送，且必须让伤员处于平卧位；昏迷者要及时清除口中污物，保持呼吸道畅通。在途中密切观察伤病员情况，及时处理新出现的问题，如果病情恶化，应重新检查病人基本生命体征，处理危及病人生命安全的情况，整个过程要做到安全、稳当、迅速。在快到达医院时及时报告患者立刻需要什么输血、检查、手术、专科人员以及药物治疗。

（4）到达医院交接。将患者运送到医院后，随行医护人员要向医院急救人员介绍患者情况，包括患者姓名、性别、年龄，发生了什么性质事件，初步检查的损伤情况，

目前的生命体征，在转运过程中进行了哪些处理、治疗等情况，并对急救人员提出进一步的救治建议。医院对于危重患者要开通绿色通道，直接进入抢救程序，对未明确诊断患者要维持患者生命体征平稳，及时、准确完善相关检查并进行分诊，对明确诊断患者立即由专科医师接诊，并进行专业化处置和治疗。

院前救援通常采用直升机来执行任务，直升机航空医疗救护院前急救流程见图7.2。

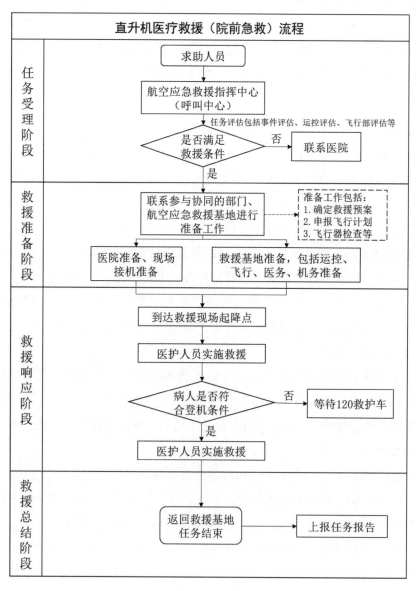

图7.2　直升机医疗救护（院前急救）流程图

2. 院间转运流程

（1）接到院间转运通知后，立即了解患者病情，迅速启动转运应急方案。

（2）指挥中心快速召开转运协调会，部署并启动应急救援分队。

（3）做好人员、急救药品器材、病区床位、临时停机坪安全标识和警戒等系列准备工作。

（4）飞行医务人员登机，前往病患所在地，并与地面医务人员保持通信畅通。

（5）飞机抵达病患所在地后，飞行医务人员查看患者情况，快速进行病情评估及进行转运前准备，与当地医务人员做好患者交接工作。

（6）飞机搭载病患起飞后，飞行医务人员做好病患病情观察及生命支持治疗工作，并与地面工作人员保持密切联系。

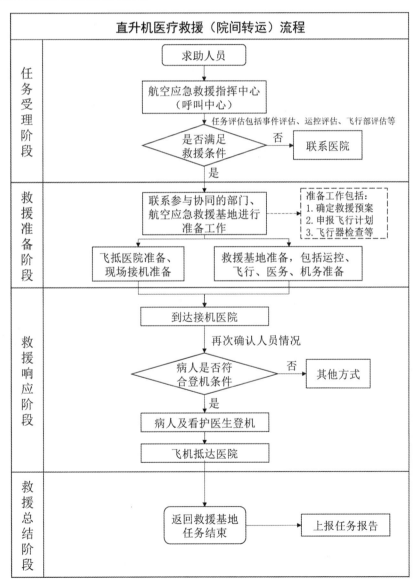

图 7.3　直升机医疗救护（院间转运）流程图

（7）搭载病患的飞机着陆后，飞行医务人员与地面人员配合将患者从飞机转运到地面平车，并与地面医务人员进行病情介绍、治疗措施建议及随机物品交接，尤其是要交代空中转运过程中患者的生命体征及病情变化等情况。

在飞行过程中，机舱内部保持通信顺畅，医护人员观察窗外情况，遇到障碍提醒飞行员，尤其在起飞、降落时协助观察。在患者登机前，再次确认患者状态是否符合登机条件，医护人员确认医疗设备、药品。医护人员在转运过程中要时刻观察患者病情，随时向医院报告患者的病情变化。并根据病情变化及时处理。将患者运送到医院后，随行医护人员要向医院急救人员介绍患者情况，目前的生命体征，在转运过程中进行了哪些处理、治疗等情况。将患者转入医院，进行进一步处置和治疗。

院间转运可采用救援直升机或固定翼救援公务机执行任务，直升机转运可实现门到门运送，即使采用公务机转运，从医院—机场—医院的运送过程也常常需要直升机进行衔接。直升机航空救援院间转运流程见图7.3。

（二）直升机搜救

根据救援场景的不同，直升机搜救分为城市搜救、山区搜救、森林搜救、海上搜救等。无论是山区搜救、森林搜救还是海上搜救。任务都是搜索与救援，搜救整体流程上都是相似的，需要按照任务受理、救援准备、救援响应、救援总结四个阶段按部就班执行响应的流程，如图7.4所示。

不同场景下直升机搜救任务的不同点主要体现在参与单位和所携带装备的不同。

以海上救援为例，海上搜救机构接到海上突发事件险情信息后，对险情信息进行分析与核实，并按照有关规定和程序逐级上报。相关责任机构立即成立应急领导小组，对险情进行应急处理，一般是通过海事局发布航行警报，警告该海域的其他船只注意通行，避免二次事故；协调救助局派出专业救助力量，如救助船、直升机等进行救助；同时协调渔业部门调派拖轮、过往商船、渔船等协助搜救。海上事故原因共分为相撞/碰撞、人员受伤/生病/落水、失火/爆炸、搁浅/触礁、风浪/被困/漂浮、故障、沉没/泄漏/进水、翻扣/走锚8类。

在不同救援场景下直升机救援有其不同的特点，且携带的设备也有所不同。直升机搜救的特点及携带设备见表7.2。

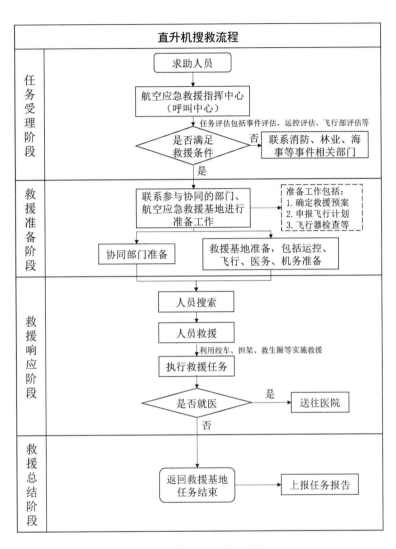

图 7.4 直升机搜救流程图

表 7.2 不同救援场景下直升机搜救的特点及携带设备

任务类别	场景	主导部门	装备	主要任务
搜救任务	山区	消防	绞车、担架等装备	首先是搜索，然后才是救援
	森林	消防、林业	绞车、担架等装备	
	海洋	消防、海事	绞车、救生圈、浮筒等装备	
	地震等其他大型灾难	国家	绞车、担架等需要的装备及物资	首先搜索，然后进行兵力（物资）投送、伤员转移等救援任务

（续表）

任务类别	场景	主导部门	装备	主要任务
医疗救护任务	院前急救	交通部、医院、消防等部门	绞车、担架、机载医疗设备等	初步处理病情—运达医院
	院间转运	医院	担架、机载医疗设备等	从甲医院到乙医院
火灾救援任务	城市火灾救援	消防	水桶、绞车等	侦查巡护、图像传输、兵力（物资）投送、伤员转移等
	森林火灾救援	消防、林业	水桶、绞车等	
	其他火灾救援	消防	水桶、绞车等	

（三）直升机火灾救援

直升机火灾救援过程中，由于火灾现场环境恶劣，极易形成影响直升机飞行安全的乱流，以目前直升机的性能甚至都无法保证直升机以及机上人员的安全。因此在火灾救

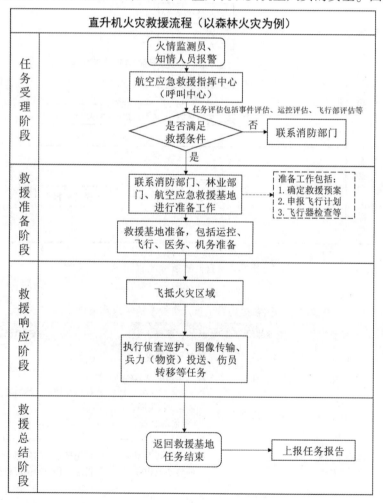

图 7.5　直升机森林灭火救援流程图

援过程中，除了在条件允许下直升机可以直接参与救火外，目前直升机的主要功能是侦查巡护、图像传输、兵力（物资）投送、伤员转移等。

以森林火灾救援为例，航空护林航站部门流程通常包括航站管理、航线信息管理、飞行日报管理、航空灭火管理、火场数据管理、防火物资管理等主要业务管理流程。发生火情后，一般由火情监测员根据卫星林火地图发现火情或由知情人员向消防部门报警，然后由消防部门航空应急救援调度员安排飞行任务，航站执行和保障飞行任务；机组人员及火情观察员飞抵现场后，由火情观察员观测相应的林火情况并反馈到航护处及指挥中心；然后根据火灾情况，安排吊灭计划，由机组人员及观察员进行吊桶灭火，观测员观察火场情况，并进行记录，由观察员及机组人员填写飞行日志；火情监测员通知火场信息，监测过火面积；吊灭结束后，观察员对火场地区进行巡视，并进行情况反馈。

直升机森林灭火救援流程见图7.5。

第三节　人员协同

由于航空应急救援具有参与主体多元化、时间响应紧迫性、行动过程不确定性等特点，尤其是任务环境复杂，常常与掺杂巨大的噪声、恶劣的天气情况相伴，这给应急救援过程中的人员协同带来了障碍和困难。另一方面，作为一项参与者众、专业面广、涉及因素多、时间紧迫性强的复杂工作，对行动过程中的人员协同有很高的要求。具体体现在以下几个方面：

（1）救援体系各环节之间的人员协同

平时航空应急救援各环节参与主体是分散独立的，如政府飞行队、通用航空公司、医院等，而战时（执行救援任务时）需要快速形成系统化的航空应急救援能力、高效率地执行救援任务，这就需要有一个有效的应急救援响应机制、指挥协调系统和任务执行流程来对各环节的参与主体和人员进行协同。同时，还应在平时加强航空应急救援演练和常态化培训，以提高人员协同水平。

（2）空地人员协同

空中人员包括机上的机组人员、随机医务人员、伤病员；地面人员包括应急救援场站地面保障人员、救援队地面保障人员、地接医务人员。空地人员的协同需要通过工作流程、工作规范和行为规范来保证。比如，通过工作流程与工作规范来实现伤病员从飞机到地面的无损（二次损伤）无缝衔接，通过规范化的手势或身体动作来实现空地人员之间的沟通等。

（3）机上人员协同

机上人员协同包括机组人员之间与医务人员之间，以及机组人员与医务人员之间、机上工作人员与伤病员（某些情况下还可能包括伤病员的家属）之间的协同。通常认为机组人员之间有很高的协同水平，但在航空应急救援场景下，机组人员不仅仅是飞行员和机务人员，也包括机上绞车操作人员、执行索降任务的救援人员等。机长在复杂飞行环境下控制飞机飞行姿态的同时还要及时与执行救援任务的其他机组进行沟通协调、共同执行任务，这是很有难度、很有挑战性的；而机组人员与医务人员之间的有效协同是需要通过事先的相互学习、认知和协同工作培训才能实现的，即通过相互学习使医务人员了解航空知识及航空人员的行为规范，使机组人员了解一定的医学知识及医务人员的行为规范，同时要通过常态化的演练或团队训练来达到具有不同专业背景的人员之间的有效协同；机组人员与伤病员及其家属之间的协同也非常重要，在条件允许的情况下要尽可能告知伤病员及其家属救援过程中应该注意的事项。机上噪声大并可能因为气象条件恶劣导致飞机颠簸，这给机上人员之间的沟通带来了障碍和困难，所以在很多情况下是通过手势及约定俗成的动作来进行沟通，以实现机上人员之间的有效协同。

有效的人员协同可以通过对航空应急救援人员进行非技术能力训练来实现，通常可以采用个人训练和团队训练这两种形式来开展非技术训练。

①个体训练

从个体角度看，虽然一个人与他人的沟通协同能力有一定的天生成分，即与一个人的人格特征和性格有关，但研究表明，人的沟通协同能力是可以通过适当的培训而后天养成的。以提升人员协同水平为目标的针对个体的非技术能力训练通常包括：情景意识训练、判断与决策训练、沟通能力训练、团队合作训练、管理与领导能力训练等。

②团队训练

即指飞行机组与救援任务机组（含医务人员）之间的联合培训。为了保证救援团队的整体救援效率和安全绩效，应对飞行机组和任务机组成员进行非技术能力联合培训。除了对飞行机组和任务机组成员之间进行联合培训外，还可以结合航空救援任务自身的特点和需求，将训练对象拓展到其他的运行人员或救援参与人员等。多元化工作人员共同参加非技术能力的培训，可以起到提升人员协同水平、增强整个团队的救援效率及提高安全绩效的作用。以提升人员协同水平为目标的联合培训通常包括：团队情景意识培训、团队判断与决策培训、团队沟通培训、团队合作培训、团队管理能力培训等。

第八章　综合培训

第一节　装备熟悉和使用

装备熟悉和使用专项训练包括绞车模拟训练、医疗模拟舱训练、直升机水下逃生训练等模拟培训，以及对个人防护装备、个人漂浮装备、机上医疗设备等装备使用进行实物培训。

1. 绞车模拟训练

通过模拟器进行地面绞车训练，需要在确保在安全的环境下进行训练，如图 8.1 所示。绞车模拟训练内容包括：

图 8.1　绞车模拟训练
（图片拍摄于国家重点研发计划"航空应急救援关键技术研究
及应用示范"项目组织的航空应急救援培训现场）

（1）绞车升降训练

（2）挂钩训练

（3）脱钩训练

（4）救援实操训练

2. 医疗模拟舱训练

在医疗模拟舱进行训练，医疗模拟舱根据真实直升机尺寸和机内布局进行设计，提供逼真的训练环境。医疗模拟舱训练内容包括伤病员上下机、医疗全流程演练等课程。如图 8.2 所示。

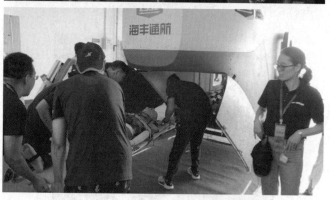

图 8.2　医疗救护直升机模拟舱训练
（图片拍摄于国家重点研发计划"航空应急救援关键技术研究
及应用示范"项目组织的航空应急救援培训现场）

3. 直升机水下逃生训练

通过直升机水下逃生模拟舱进行训练。在直升机坠机事件中，自乘员察觉事故发生到坠机的响应时间平均只有 15 秒左右，70% 的直升机坠入水中后将在 10 秒内倾覆，所以快速逃离直升机舱是生存自救的必要技能。事实证明，通过直升机水下逃生训练可以有效拯救生命。据统计，接受过直升机水下逃生训练培训的人员在直升机坠机事故中死亡率约为8%，而没有接受过培训的人员死亡率高达20%。

直升机水下逃生训练模拟舱内部有座椅和安全带，左右侧各有一个开放舱门，窗口若干；模拟舱中央是一个环形轨道，整个模拟舱通过轨道被吊挂起来，连接处可以通过控制和轨道的相对滑动模拟直升机入水后翻转的动态过程，如图8.3所示。

图8.3 直升机水下逃生训练舱

（图片来源于 https：//www.acetrainingcentre.com.au/training/huet/）

直升机水下逃生训练内容：

（1）迫降前准备阶段

当决定水上迫降时，首先应及时发出失事求救信号，报告请示迫降；尽快抛放舱门，预留逃生通道；将救生信号装置抛出机舱，推倒座椅，到后舱抱救生船，完成离机准备；临近水面时，切断电源，做好个人防护，伺机准备离机。这一阶段主要训练飞行人员离机前准备动作的熟练程度，克服迫降过程中的恐惧心理。

（2）着水阶段

通过控制直升机迫降的水平速度和垂直速度，模拟直升机着水过程。直升机距离水面一定距离时，在直升机飞行姿态和速度条件允许的情况下，训练飞行员迅速跳离直升机，并向着直升机飞行的反方向，游离事故区域；条件不允许或错失最佳脱险时机时，机上人员应进行抗冲击防护训练，使飞行员体验直升机迫降冲击力环境，在冲击过程中熟练采取个体防护措施。

（3）入水阶段

直升机入水后，约在1分钟内发生翻转，2分钟后即可完全沉没。机上人员应争取在机身翻转之前的黄金逃生时间内迅速逃离机舱，游离事故地点。这一阶段，主要训练机组行为规范及乘员迅速离机。训练要点：机上人员需要快速脱掉身上重物向上游；机长应最后弃机，在此之前应刹住旋翼。

（4）沉没阶段

若机上人员在直升机入水之前未能及时逃离，应在机身停止翻转后，利用机身沉没时间迅速离机。此过程需要憋气至少 20 秒。通过模拟直升机沉入水中并发生翻转的状态和过程，训练水下方向感重建能力，正确掌握有利逃生时机，在沉入水中后尽快逃出。

沉没训练过程分为两步。第一步为浅水逃生训练（机身不翻转），模拟器半潜，要求学员在屏住呼吸的同时寻找一个参考点以确定自己的方位，然后游过模拟器，直到从模拟器一端游出。经过几次练习后，还要戴上眼罩，仅凭触觉进行训练。该训练目的在于训练学员水下的方向感、平衡性、逃生步骤和技能等的熟练度，主要是为下一步的训练做好准备；第二步为深水逃生训练（机身翻转），模拟器完全浸入水中，翻转成机腹向上的姿态。其基本目的是训练学员从被水淹没的直升机座舱中逃生的能力，提高学员的自信和保持冷静的头脑。当直升机沉入水中时，学员应尽可能多地吸入空气，并找到一个位置参考点，以适应一旦整个模拟器完全沉入水中并翻滚为机腹向上时失去方位感的情况。在模拟器运动停止、状态稳定后，学员们需要从座位上解脱自己，然后找到指定的出口逃生，并游出水面。这种训练是在严密受控的情况下进行的，受训人员的安全在整个水下训练过程中都应该是第一位的。

（5）离机阶段

机上人员成功离机后，应游出一定距离，并集合在多人船周围；打开救生包，取出无线电台寻求救援；如果多人船未打开或未取出来，应尽量利用漂浮器材，做好水上漂浮的生存准备。这一阶段主要训练飞行员水上正确熟练地使用救生装备，以及机组人员相互协作、寻求和等待救援队救援的能力。

第二节　VR 模拟与协同

通过航空应急救援 VR 模拟训练舱是一种低成本且有效的训练方式。由北京航空航天大学刘虎教授团队基于国家重点研发计划"航空应急救援关键技术研究及应用示范"项目所研发的《航空应急救援虚拟仿真协同训练系统软件》就是一款有效的航空应急救援 VR 培训软件，可用于航空应急救援协同训练。

1. 直升机应急救援智能虚拟现实（VR）训练系统简介

直升机应急救援智能虚拟现实训练系统是用于航空医疗过程中机组之间有效的协作

和沟通，安全快速地完成各种紧急救援任务的模拟训练系统。系统在应用模式上可根据训练任务需求灵活配置，使用已开发的场景和组件进行创建，快速产出多情景的虚拟现实模拟训练任务，既支持多单位协同训练，也支持多单位各自同时开展训练，输出综合评估考核。VR系统的功能主要包括：

（1）展示体验

简化的直升机飞行操控模型和人员操控模型，让更多人体验直升机的飞行操控，知晓在直升机医疗救护中多单位之间如何协作将伤员安全运往医院。

（2）辅助训练

帮助救护人员有效地学习和理解直升机医疗救护过程中注意事项和应急处理方式以及机组人员之间如何快速有效沟通，加深理论知识的记忆。

（3）综合演练

可拓展多单位配合的综合演练情景任务，仿真模拟陆空之间多单位配合的大型演练的预演和测评，并输出评估报告。

2. 航空应急救援VR模拟训练舱的使用

航空应急救援VR模拟训练舱主要由虚拟现实系统、电动绞车组件、医疗加改装组件及模拟机机体四部分组成。可以进行不同场景下VR模拟训练培训，包括电动绞车和医疗加改装工作展示培训使用。

航空应急救援VR训练平台包含：场景、角色、装备、建筑、触发、环境五大类，共计百余个组件，如图8.4、图8.5和图8.6所示。

图8.4　航空应急救援VR组件集合示意图

（图片来源于国家重点研发计划"航空应急救援关键技术研究及
应用示范"项目成果VR培训系统）

图 8.5 VR 直升机组件外观效果图

(图片来源于国家重点研发计划"航空应急救援关键技术研究及
应用示范"项目成果 VR 培训系统)

图 8.6 VR 直升机组件内部效果图

(图片来源于国家重点研发计划"航空应急救援关键技术研究及
应用示范"项目成果 VR 培训系统)

3. 交互式协同指挥训练系统软件

航空应急救援交互式协同指挥 VR 训练系统软件可支持自主学习，多角色流程协同
训练，如图 8.7 所示。

图 8.7　航空应急救援交互式协同指挥训练系统软件示意图

（图片来源于国家重点研发计划"航空应急救援关键技术研究及应用示范"项目成果 VR 培训系统）

第三节　非技术能力培训

航空应急救援人员除需要掌握必备的应急救援技能外，还需要掌握非技术技能（Non-Technical Skills，NTS），才能安全且高效地执行应急救援任务。非技术技能是指任职者完成工作所需要的、专业知识技能之外的通用性认知、自我管理及社会技能，如压力应对、团队协作、人际沟通、情境觉察、决策与判断、管理与领导等技能。行为科学的研究表明，超过70%的事故与任职者的非技术能力不足有关，通过训练提升任职者的非技术能力，是提升任务绩效和降低安全事故率的有效途径。

一、非技术技能培训总则

1. 培训目标

（1）总体目标

帮助受训人员了解非技术能力对应急救援效率的影响作用，提高对非技术能力重要性的认识；帮助受训人员掌握影响个人及团队救援表现的非技术能力的具体内容、种类和指标体系，提高在执行应急救援任务过程中运用非技术能力的敏感度和能力。

（2）基本目标

航空应急救援人员非技术能力培训涉及三个领域，分别是认知领域的知识掌握（K：Knowledge），操作领域的技能提升（S：Skills），以及态度领域的态度转变（A：

Attitude）。由此，构成非技术能力训练的知识、技能和态度基本目标。知识目标是指掌握航空应急救援人员非技术能力的定义、种类和指标体系；技能目标是指能正确地将非技术能力训练所获得的知识和技能应用于应急救援任务执行、保证救援安全、提升救援效率的能力；态度目标是指理解非技术能力在应急救援效率过程中的重要性。

2. 培训对象

参与航空救援任务的所有人员以及对航空救援任务有影响的其他参与者都应该接受非技术能力培训，这些人员包括但不限于：

（1）飞行机组：飞行员、领航员；

（2）任务机组：绞车手、搜救人员（包括海上搜救、山地搜救和城市搜救）、医疗救护人员、消防员、地面指挥员等其他人员。

3. 培训内容

从广义来讲，非技术能力类型包括两大类：一是基本认知及个人管理；二是人际与社会互动。基本认知及个人管理能力包括基本认知、压力管理、情景意识、决策与判断能力；人际与社会互动能力包括沟通、团队合作、领导与管理能力。上述各项能力还可以进一步划分为细化的子能力维度（子维度），见表8.1。航空应急救援非技术能力培训应该按照表8.1中的各项内容展开。

表8.1　航空应急救援非技术能力类型

类型	主维度	子维度
基本认知及个人管理	基本认知	心理旋转；工作记忆；持续注意；注意广度；内隐安全态度；风险偏好；视听转换；空间知觉
	压力管理	压力应对；压力缓解
	情境意识	信息收集；信息理解；状态预判
	决策与判断	识别选项；权衡轻重缓急；风险评估与权衡；决策结果重评
人际与社会互动	沟通	信息交流；信息寻求；确认与反馈
	团队合作	行动协调；后援互助
	领导与管理	评估能力；建立共识；使用权威与自信

4. 培训阶段与培训方式

非技术能力培训分为理论学习、模拟训练和实物训练三个阶段，各个阶段应采取不同的培训方式。

（1）理论学习

理论学习是运用多种不同的训练方式，让受训人员迅速掌握非技术能力相关理论知识，是非技术能力训练的基础。理论学习的培训方式包括但不限于：

① 课堂讲授：教员提前准备好非技术能力理论知识的讲授材料，向所有受训人员讲解非技术能力知识的训练方法。该方法的主要优势是可以较高效地传递信息；

② 视听教学：通过录音、录像、电脑等演示材料，向受训人员生动地演示知识结构、真实案例等训练内容并引发受训人员思考和讨论的训练方法。该方法的主要优势是教学材料生动有效，教学过程简便且灵活，有利于引发受训人员思考；

③ 演示与模仿：让受训人员先观察他人的行为再进行模仿练习的训练方法。模仿对象可以来自提前准备的视听材料或案例材料，在材料中展示有效和无效行为的例子，然后让受训人员模仿他们看到的行为，鼓励受训人员尝试，并针对他们的模仿表现给予及时有效的反馈。该方法的优势是对受训人员的社会和人际互动能力训练颇为有效，如团队互动、与他人的沟通、管理与领导行为等。

（2）模拟训练

模拟训练是在实验室环境下为受训人员构建救援场景，提供虚实结合的训练场景，满足受训人员非技术能力训练的需要，提高受训人员非技术能力技能水平。受训者需要将自己代入所模拟的救援场景中，作为救援团队中的成员，按照自己的角色来解决问题或完成任务。根据救援场景模拟的方法和逼真度不同，可以分为如下几种主要的训练形式。

① 讨论会：让受训人员之间或受训人员和教员之间就所学习的知识和内容进行讨论，鼓励受训人员自由提出个人想法，使得讨论的内容紧密结合实际工作中可能遇到的问题。因此，讨论的内容会超过事先准备的材料，而且更具有实际操作的意义。该方法的主要优势是受训人员的参与度高，教员可以就受训人员的问题给予及时的反馈，从而可以更有效地促进受训人员的学习，对他们掌握知识材料内容更加有效；

② 角色扮演：一种情景模拟的训练方法，受训人员假装在完成一项任务，常常用于社会和人际互动能力的训练中，对参与角色扮演的受训人员，教员将给予及时的反馈并提出建议，受训人员通过反思将知识用于个人互动技巧中。该方法的优势是能很好地促进受训人员对知识的学习和迁移；

③ 案例分析：向受训人员提供提前准备好的材料来描绘一项任务情境，受训人员通过思考、运用理论、充分讨论后提出解决问题的思路或方案。案例材料可以是真实的案例，也可以是为了教学目的而编写的、与实际救援任务高度结合的案例材料。鼓励受训人员使用新知识解决问题、从错误中学习，对解决方案进行个人和团队反思。该方法的优势是能很好地帮助受训人员创建知识应用的场景，并进行知识的迁移；

④ 沉浸式训练：采用仿真系统、虚拟现实等技术结合的方式提供沉浸式场景，受

训人员通过穿戴 VR 眼镜、头盔等设备，实现沉浸式训练和非技术能力的训练。这种训练方式能提供最高程度的仿真度。

（3）实物训练

实物训练通过建设相关训练场地，如建设飞机座舱、海上模拟环境、灾害现场环境、设备使用环境等，通过绞车、起重机、造浪球、声光系统等装备设备的配合操作，完成非技术能力个人和团队训练环境的搭建，为受训人员提供真实装备下的半实物训练环境。

5. 培训场景与培训手段

根据非技术能力训练设计的原则，非技术能力的训练内容需要和不同救援场景相结合，具体可以区分为两类训练场景：通用场景训练和救援场景训练。

（1）通用场景训练

结合航空救援任务的通用特征，对受训人员进行训练，这些通用特征包括但不限于：快速反应性、不确定性、任务复杂性、高压力性、高紧急性等。

（2）救援场景训练

针对具体的航空救援场景对受训人员进行训练，包括但不限于海上应急救援、消防应急救援、医疗应急救援、山地搜救、城市搜救等。

无论是通用培训场景还是救援培训场景，都可以采用实物场景与模拟场景的形式。

①实物训练的训练场地应尽可能接近或使用真实救援场景。使用真实救援场景下所有真实设备及救援用品。

②模拟场景采用仿真系统和 VR 技术结合的方式提供沉浸式的模拟训练场景，或利用相关训练场地提供半实物训练环境，训练需要在保证无干扰、仿真环境进行。沉浸式训练需提供训练仿真系统和受训人员穿戴的 VR 设备，包括 VR 眼镜、头盔、心理生理测量仪等设备。在半实物训练中，训练场地还应建设半实物设备，如飞机座舱、海上模拟环境、灾害现场环境、设备使用环境等，并建设绞车、起重机、造浪球、声光系统等。

二、压力管理培训

压力管理是指识别和管理自身以及他人的压力的过程。压力是指人们经历的过于疲惫或超过他们自身资源可以应对的环境与自身之间的关系，会威胁人们的生活质量，包括慢性压力和急性应激。压力管理主要包含三个主要的组成部分：确定压力源、识别压力症状和压力作用、执行应对策略。压力管理培训主要包括以下训练内容：

（1）压力管理对航空救援任务的作用和重要性；

（2）压力的基本概念和原理；

（3）典型压力来源；

（4）识别压力和预防压力的方法。

三、情景意识培训

情景意识是对包含时间和空间在内的环境因素的感知，是人们对一系列时间和空间环境因素的感知，理解这些因素的意义并对其未来的状态进行预测，是决策等其他认知技能的基础。对于航空应急救援人员，情景意识有更加具体的定义，即情景意识是一个变化的、多层面的结构，包含了对关键任务绩效的维持和预判。机组成员必须对当下的情景有意识，基于以往和现有的知识对未来可能发生的事件进行推测。关键的是，机组成员可以监控周围的环境，以便在潜在问题升级之前可以迅速地纠正问题。

在航空应急救援中如何加强注意力的技巧问题得到了广泛的关注，这也促进了计算机监控系统、自动控制程序以及其他智能技术系统的快速发展，但操作员在避免事故上仍然发挥着重要的作用。众多安全事故的分析结果表明，情景意识是导致事故的首要因素。在与人为因素相关的事故中有88%的事故发生的主要原因是情景意识。这些事故包含了对特殊地形的情景意识问题（往往是山区）和飞机降落的情景意识问题，如飞行员认为自己所在的位置或者飞行高度是安全的，而事实却不是这样，又或者飞行员对降落地点的预期错误。

情景意识需要对工作环境的信息进行收集，并使用已储存的记忆和知识来加工这些信息使之有意义，情景意识有三个构成要素：收集信息、解释信息和对未来状况的预判。

1. 收集信息

收集信息是情景意识的第一步，也就是人们对于现有情景的基本要素的感知。在航空救援任务的场景下，收集信息就意味着对执行任务时的天气状况、飞行环境、救援现场、直升机的飞行数据、其他救援工作人员的语言和行为等所有情境因素的感知。

2. 解释信息

解释信息是情景意识的第二步，也就是人们对于现有信息的理解。当人们完成了信息的收集以后，就开始对该信息进行理解和解释。有丰富经验的飞行员或医护人员会快速识别和理解所收集到的信息并予以反应。研究表明，有经验的飞行员和缺乏经验的飞行员对情景风险的评估是有显著差异的，有经验的飞行员对风险评估更加准确。

3. 对未来的预判

对未来的预判是情景意识的第三步，它是建立在对信息的理解和解释的基础之上的对接下来会发生的事情的判断。当人们准确掌握和理解了现有的情景后，就可以使用过去储存的知识和经验来思考这样的情景接下来会如何发展。在飞行员中，这种能力被称为"在飞机前面飞行的能力"，这对所有从事安全相关工作的人都很重要。

四、判断与决策培训

决策是人们做出某一判断或选择的过程，有时也被称为是为了满足特定情景的一系列行动方案。决策能力在很多工作领域都是一项重要的能力，特别是在航空应急救援这样具有时间压力、不确定性大、高风险的工作情景下，无论是作为救援行动总指挥、机长还是医务组负责人，其决策能力都尤为重要。由于飞行员的决策失误导致的航空事故占所有航空事故的47%，众多决策失误包括犹豫不决、决策错误等。

航空救援团队的决策培训与以往注重多目标决策的培训有所不同，因为航空救援团队所执行的任务是在高风险、时间压力大、情景变化快并伴随信息不足等特点的环境下开展的，因此团队成员需要学习如何快速进行决策。被广泛应用的 DODAR 快速决策法表明，可以通过5个问题让航空救援团队在短时间内对所处情景进行快速分析和决策，它们是：D-Diagnosis（问题是什么），O-Options（有什么解决方案），D-Decision（我们该如何做），A-Assign the tasks（谁来做，做什么），R-Review（做了以后发生了什么）。

五、人际沟通培训

沟通指对信息、想法和感受的交换、反馈或回应，可以为人们提供知识、建立人际关系、创建可预测的行为模式、保持在工作任务上的注意力，也是一个管理工具。高效的沟通可以提高工作效率，减少错误，提升安全。沟通可以被细分为四个主要的成分（3W1H）——What：将要被沟通的信息；How：信息被沟通的方式方法；Why：沟通的原因；Who：沟通的对象。沟通能力较强的个人的表现为：能清晰准确地传递信息，善于利用情境线索传达信息，可通过有效倾听接受信息，能够识别沟通障碍。

就航空救援团队而言，紧急和压力的工作情景会降低沟通的质量，如由于时间的原因无法向其他救援团队成员传递准确和丰富的信息、由于沟通的传递媒介（如背景嘈杂）让沟通变得异常困难、其他团队成员对信息的错误解读或无视被传递的信息、沟通的时候理性和情感冲突（如针对一个问题产生争吵）或由于防护服或其他穿戴设备导致的沟通不畅等。所以沟通培训应该成为航空应急救援团队培训的一个重要内容，通过模拟救援场景及情景进行团队沟通培训是一种有效的培训方式。

沟通培训的内容除了包含倾听、非肢体语言沟通技巧及自信强化外，对于航空救援团队的沟通培训，还需要包含以下几点：第一，沟通培训和技术培训相结合，使团队成员熟悉并熟练使用航空救援团队的专业和标准的沟通词汇、术语，从而提高救援过程中的沟通效率；第二，培训救援团队的标准程序化沟通，也就是针对救援任务的特点，需要明确哪些关键作业环节需要进行怎样的沟通。例如，救援出发前，对任务目标和注意事项的介绍和沟通、在起飞前团队各成员就绪的沟通确认等；第三，沟通技巧是所有非技术技能的基础，因此也可以穿插在其他技术技能培训中开展。

六、团队合作培训

航空应急救援团队由不同工作背景和专业领域的人员组成，需要共同完成救援的任务，因此团队成员必须对任务具有相同的理解。在航空应急救援这样的高风险、不确定性大的工作任务中，团队合作对救援有效性及效率有重要的影响作用。

团队合作的障碍包括：团队成员角色定义模糊大，缺乏明确的协调，失败的沟通以及团队的经验水平。这些障碍可以通过有效的团队意识、团队工作方式及团队合作培训来克服，同时要理解和把握好团队合作的构成要素。团队合作包含四个构成要素：相互支持、解决冲突、信息交换、协同合作。

1. 相互支持

有效的团队合作包含为团队其他成员提供支持和帮助，也从其他成员那里接受支持和帮助。团队相互支持包括共同承担工作量，保持良好的工作关系，营造开放的氛围等。信息支持也是团队相互支持的一种形式，例如向他人提供意见和建议，为了帮助他人完成任务而提供相应的信息，这些都可以提高团队的有效合作。

2. 解决冲突

虽然冲突对团队绩效有负面的作用，甚至还有可能造成团队破裂，但团队中的建设性冲突却是对团队有益的，尤其是像航空救援团队这样的参与人员多元化的团队。建设性冲突使得团队变得更加优秀、高效、具有创造力。团队冲突有时是由于任务本身造成的，有时是因为团队合作的过程造成的，还有一些是由于人际差异造成的。团队合作过程造成的冲突可以通过明确每个人的角色和职责来解决，而保持客观的态度和避免情绪化可以减少人际冲突和任务冲突。

3. 信息交换

在团队工作中，有效的信息交换非常重要。正如沟通技巧部分所提到的，无论是书面沟通还是口头沟通，都需要确保沟通可以帮助团队其他成员有效地完成工作任务和工作目标。因此，团队沟通需要使用开放的和具有确定性的沟通方式，提高倾听技巧，尤其是提高对非语言信息的关注度。

4. 协同合作

团队的精诚协作要比单个优秀的个体组成的没有协作的团队工作效率更高。团队的协同合作可以通过合理地分配工作任务，避免团队成员过重的工作负担，监督每个人的绩效、有效的信息交换和团队成员的支持来实现。

七、领导与管理培训

团队领导力对创建一个高效团队、使团队达到最大任务绩效有重要作用，团队领导需要指导和协调团队成员所有的任务活动，鼓励团队成员一起工作，评估团队成员的绩效，分派任务，发展团队的知识、技能和能力，激励成员，有效计划和组织团队，营造一个积极的团队氛围。主要包含四个主要的组成部分：有效使用权限、维护标准、计划工作目标及工作任务优先排序、管理工作负荷和工作资源。主要包括以下训练内容：

（1）管理与领导能力对航空救援任务的作用和重要性；

（2）管理与领导的基本概念和领导力技能的主要成分；

（3）领导力理论及领导风格；

（4）压力/应激下领导力能力要求以及应用技巧。

领导力的培训可以包含以下内容：团队建设（如发展下属的能力和知识，提升团队的持续学习能力等）、沟通、计划、管理压力、批判性思维和问题解决。在培训方法上，可以采用案例分析、情景模拟、行为示范等方式开展培训。

第九章 航空应急救援示范演练

航空应急救援示范演练是检验航空应急救援体系科学性、航空救援能力配备合理性、航空应急救援行动有效性的有效手段，同时也是培训航空应急救援人员、提高应急

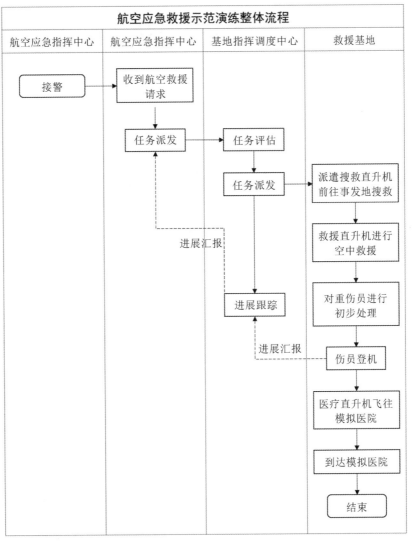

图 9.1 航空应急救援示范演练整体流程

救援组织能力与实际操作技能的重要措施。依托国家重点研发计划"航空应急救援关键技术研究及应用示范"项目，海丰通航科技有限公司、北京航空航天大学等参研单位联合有关地方政府及航空应急救援单位组织了多次航空应急救援示范演练，以验证研究成果的有效性及推广研究成果应用，示范演练场景涵盖山区、海上、森林、城市、高速公路等救援场景。在借鉴上述演练实践组织经验的基础上，我们提炼出一个航空应急救援演练整体流程（见图9.1），并对典型场景下航空应急救援示范演练方案及具体化的救援流程进行提炼总结（见本章第1~5节）。同时针对救援演练过程中的突发情况提出了一个救援演练突发事件应急预案（见本章第6节），期望能为地方政府或相关单位在组织航空应急救援演练及开展人员实操培训时提供示范性、规范性参考。

第一节　山区航空应急救援演练方案

一、演练目的

（1）检验方案

通过开展山区航空应急救援演练，查找演练方案中存在的问题，进而完善应急演练方案，提高其实用性及可操作性。

（2）完善准备

通过开展山区航空应急救援演练，检查应对突发事件所需应急队伍、物资、装备、技术等方面的准备情况，发现不足及时予以调整补充，做好准备工作。

（3）锻炼队伍

通过开展山区航空应急救援演练，增强相关单位、人员等对应急预案的熟悉程度，提高其应急处置能力。

（4）磨合机制

通过开展山区航空应急救援演练，进一步明确相关单位和人员的职责任务，理顺工作关系，完善应急机制。

二、演练内容

（1）野外救援事件的现场指挥协调。

（2）直升机（带绞车）搜救及悬停救援。

(3) 双机伤患交接。

(4) 直升机医疗转运。

三、参与单位

地方应急口部门、消防部门、地方卫健委、急救中心、通用航空公司、某户外景区、地方旅游办、航空应急救援项目组单位等。

四、演练场景

(1) 时间：××××年××月××日。

(2) 地点：某户外景区。

(3) 事件：××××年××月××日，××点××分××秒，当地消防部门接到119求救电话，在当地某户外景区，一名户外活动爱好者在攀爬过程中发生意外事故，初步明确伤者腿部骨折，意识清醒，救援车辆无法进入事故地点，需要直升机紧急救援。

五、演练组织指挥分工

根据演练内容，各参与单位担任的演练角色及主要职责如表9.1所示。

表9.1 山区航空应急救援演练参与人员角色及职责

序号	角色	参与单位	参与人员角色	主要职责
1	相关应急口部门	应急部门、当地消防	值班员、值班主任（人数根据演练实际情况确定）	负责接警、任务评估；负责协调各单位；负责任务派发；负责救援过程监控。
2	当地急救中心	当地急救中心、卫健委	值班员、司机、医疗机组（人数根据演练实际情况确定）	负责派遣急救车；负责伤者的现场初步处置和评估；负责随机医护。
3	航空救援指挥调度中心	通用航空公司	值班员、指挥人员（人数根据演练实际情况确定）	负责派遣搜救直升机搜救；负责申报飞行计划；负责航空救援行动的监控和指挥。
4	救援基地	通用航空公司	机长、副机长、搜救机组（人数根据演练实际情况确定）	负责搜救直升机与医疗直升机的准备；负责直升机驾驶；负责空中搜救。
5	事发地点	户外景区、地方旅游办	值班员、搜救人员（人数根据演练实际情况确定）	负责景区安保；负责地面搜救；负责引导直升机到达伤员上空。

六、演练准备

1. 资源准备

（1）人员

飞行机组、搜救机组、医疗机组、指挥人员、值班员（消防部门、急救中心、事发地点、航空救援指挥调度中心）、值班主任、接机医护、急救中心司机、地面搜救人员。所有演练涉及人员数量视演练实际情况而定。

（2）装备

①搜救装备：搜救直升机（带绞车）、救援担架、挂索；②医疗转运装备：医疗直升机（含配套医疗设备和担架）、担架车；③保障装备：保障车；④指挥装备：应急指挥软件、监控软件、北斗定位监视装备、自组网通信设备。所有装备数量依据演练实际情况确定。

2. 前期准备

（1）需要与地方机场方面进行沟通，确定直升机的停放、加油、起降问题。

（2）搜救直升机与医疗直升机停放在救援基地备勤。

（3）联系拍摄团队，采购拍摄设备。

（4）提前申报飞行计划。

3. 资源提供

（1）由急救中心提供：医疗机组、值班员、司机。

（2）由应急办提供：值班员（接警员）、值班主任。

（3）由通用航空公司提供：搜救直升机（带绞车）、医疗直升机（含配套医疗设备和担架）、飞行机组。

（4）由航空应急救援项目组提供：救援担架、挂索、保障车、应急指挥软件、监控软件、北斗定位监视设备、自组网通信设备、值班员、指挥人员。

（5）由地方医院提供：接机医护、担架车。

（6）由户外景区提供值班员、地面搜救人员。

4. 地点确认

（1）事发地：某景区。

（2）搜救直升机与医疗直升机交接点：救援基地。

（3）航空救援指挥调度中心：通用航空公司。

（4）地方应急办：地方应急办指挥大厅（通用航空机场指挥大厅）。

（5）目的地医院：地方医院或模拟医院起降点。

5. 演练准备时间

（1）提前 14 天：确定参与单位，明确分工。

（2）提前 21 天：开展人员培训。

（3）提前 7 天：各装备、指挥大厅、指挥平台准备到位。

（4）提前 14 天：完成 2~3 次预演。

（5）提前 1 天：所有演练准备工作全部完成。

七、演练流程

1. 接到报警

××××年××月××日，××点××分××秒，消防部门接到 119 求救电话，一名探险爱好者在某户外景区攀登过程中，发生意外事故，伤者打电话求救，称其腿部骨折，无法自行移动，其他伤情不明。

2. 事件评估

119 值班员将信息报值班主任，主任对事件进行评估，遇险区域地处山地，地面救护车和其他救援车辆无法进入事发区域，伤者腿部骨折，无法移动，需要利用直升机进行空中救援。

3. 任务派发

119 值班员向航空救援指挥调度中心发出航空救援任务通知；向急救中心发出前往救援基地待命的任务通知；向某景区发出派遣人员进入事发地搜救并引导直升机的任务通知。

4. 任务响应

航空救援指挥调度中心接到任务后，进行任务评估，决定执行任务；立即上报两段飞行计划，向搜救直升机机长发出任务通知，直升机起飞。

5. 遇险人员搜救

事发地搜救人员在伤者身边引导直升机到达伤者上空，直升机开展绞车救援，伤者吊至直升机内后返航。

6. 现场处置和评估

医护机组将伤者抬下直升机，在安全区对其伤情进行初步处置和评估。向航空救援指挥调度中心发出任务计划，调度中心将信息上报地方应急办。

7. 遇险人员转运

医护机组协助伤者登上医疗直升机，医疗直升机起飞并到达目的地医院（地方医院或模拟医院起降点），接机医护协助伤者下机。

8. 演练结束

演练结束后，各单位进行任务执行情况总结，明确救援过程中的不足之处，完善航空救援预案。

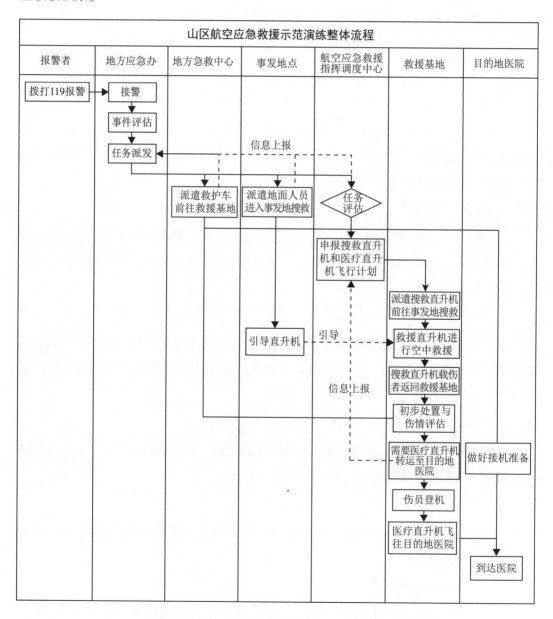

图9.2 山区航空应急救援示范演练整体流程

第二节　高速公路航空应急救援演练方案

一、演练目的

（1）检验方案。通过开展高速公路航空应急救援演练，查找演练方案中存在的问题，进而完善应急演练方案，提高其实用性及可操作性。

（2）完善准备。通过开展高速公路航空应急救援演练，检查应对突发事件所需应急队伍、物资、装备、技术等方面的准备情况，发现不足及时予以调整补充，做好应急准备工作。

（3）锻炼队伍。通过开展高速公路航空应急救援演练，增强相关单位、人员等对应急预案的熟悉程度，提高其应急处置能力。

（4）磨合机制。通过开展高速公路航空应急救援演练，进一步明确相关单位和人员的职责任务，理顺工作关系，完善应急机制。

二、演练内容

（1）高速公路突发事件的现场指挥协调。

（2）空地协同救援。

（3）直升机医疗转运。

三、参与单位

高速公路指挥调度监控分中心、高速公路联网中心、高速公路指挥调度监控中心、路政、交警大队、消防、120急救中心、通用航空公司、广播电台、航空应急救援项目组单位等。

四、演练场景

（1）时间：××××年××月××日。

（2）地点：某高速公路路段（选取路段满足直升机起降要求，同时不影响道路交通）

（3）事件：××××年××月××日，××点××分××秒，某高速公路路段发生交通事故，高速公路指挥调度监控分中心接到报警，紧急处置，调度路政、高速交警赶往现场处置，现场交通堵塞，有多名受伤人员，呼叫消防和急救中心开展紧急救援，消防、路政、高速交警迅速开展现场救援，急救中心根据报告的现场人员受伤情况紧急调度直升机、救护车赶往现场，直升机携医护人员先行到达，经过院前紧急处置后将重症伤患通过直升机快速转运至附近医院，其他轻度伤患待救护车到达后转运至附近医院。人员救治完毕，路政、高速交警、消防开展现场清理，快速恢复交通。

五、演练组织指挥分工

根据演练内容，各参与单位担任的演练角色及主要职责如表9.2所示。

表9.2　高速公路航空应急救援演练参与人员角色及职责

序号	参与单位	参与人数	主要职责
1	高速公路指挥调度监控分中心	监控员、值班主任、信息员（人数根据演练实际情况确定）	负责接警、任务评估； 负责协调各单位； 负责任务派发； 负责救援过程监控； 负责发送道路信息给相关单位。
2	高速公路指挥调度监控中心	分管领导（人数根据演练实际情况确定）	总体监控整体救援情况。
3	路政	值班人员、现场指挥人员、路政人员（人数根据演练实际情况确定）	现场勘察； 对事故进行取证、调查； 现场指挥救援工作。
4	交警大队	交警人员（人数根据演练实际情况确定）	负责疏导事发路段附近的交通； 负责维持交通秩序。
5	消防	消防人员（人数根据演练实际情况确定）	负责救援处置； 协助患者登机。
6	120急救中心	值班人员、医生、护士、救护车司机（人数根据演练实际情况确定）	负责现场的医疗救护； 提供救援车辆； 协助患者登机； 负责车辆转运伤员。
7	通用航空公司	机长、副机长（人数根据演练实际情况确定）	负责医疗直升机的准备； 负责驾驶直升机。
8	广播电台、高速公路联网中心	值班人员（人数根据演练实际情况确定）	道路信息的发布。

六、演练准备

1. 资源准备

（1）人员。飞行机组、医疗机组、监控人员、值班员（路政、120急救中心、广播电台、高速公路联网中心）、值班主任、信息员、分管领导、救护车医护人员、急救中心司机、消防人员、路政人员、现场指挥人员、交警人员。所有演练涉及人员数量视演练实际情况而定。

（2）装备。①医疗转运装备：医疗直升机一架（含配套医疗设备和担架）；②保障装备：保障车一台；③指挥装备：应急指挥软件、监控软件、北斗定位监视装备、自组网通信设备。所有装备数量依据演练实际情况而定。

2．前期准备

（1）需要与地方机场、高速公路相关部门等进行沟通，确定直升机的停放、加油、起降问题。

（2）联系拍摄团队，采购拍摄设备。

（3）提前申报飞行计划。

3．资源提供

（1）由急救中心提供：医疗机组、值班员、司机、救护车医护人员、救护车。

（2）由高速公路指挥调度监控分中心提供：监控员、值班主任、信息员。

（3）高速公路指挥调度监控中心提供分管领导。

（4）路政、120 急救中心、广播电台、高速公路联网中心各提供值班人员。

（5）消防部门提供消防人员、消防救援车辆。

（6）路政部门提供路政人员、现场指挥人员。

（7）交警大队提供交警人员。

（8）由通用航空公司提供：医疗直升机（含配套医疗设备和担架）、飞行机组。

（9）由航空应急救援项目组提供：救援担架、保障车、应急指挥软件、监控软件、北斗定位监视设备、自组网通信设备。

4．地点确认

（1）事发地：某高速公路路段（选取路段满足直升机起降要求，同时不影响道路交通）。

指挥调度中心：高速公路指挥调度监控分中心（或其他救援指挥大厅）。

（2）目的地医院：地方医院或模拟医院起降点。

5．演练准备时间

（1）提前 14 天：确定参与单位，明确分工。

（2）提前 21 天：开展人员培训。

（3）提前 7 天：各装备、指挥大厅、指挥平台到位。

（4）提前 14 天：完成 2~3 次预演。

（5）提前 1 天：所有演练准备工作全部完成。

七、演练流程

1. 接到报警

××××年××月××日，××点××分××秒，高速公路指挥调度监控分中心接到司机报案电话，某高速公路路段发生交通事故，现场交通堵塞，有多名人员受重伤，多名人员受轻伤。

2. 形成现场指挥小组

监控员通知路政事故情况，路政形成现场指挥小组，路政通知交警前往现场疏导交通的同时赶赴现场，信息员监控路政实时情况并向值班主任汇报。

3. 事件评估

路政到达现场，对事故进行勘察、评估，由于事发点交通状况差，地面救护车和其他救援车辆难以进入，为重伤人员最大程度赢取救援时间，需要利用直升机进行空中救援，路政指挥人员将现场情况上报给监控员，监控员在值班主任的指示下将事故报送高速公路指挥调度监控中心。

4. 任务派发

路政指挥人员联系消防、120 急救中心，并由 120 急救中心指派医疗直升机执行救援任务。信息员向联网中心与广播电台发送事件信息。

5. 任务响应

飞行机组与医疗机组接到任务后，对任务进行评估，决定执行任务，上报飞行计划，直升机起飞，消防救援车辆与 120 救援车辆立即抵达事故现场。

6. 现场处置

消防救援车辆与 120 救援车辆抵达现场后对伤者进行初步的处置和评估，轻伤者通过 120 救护车送往目的地医院，重伤人员则通过直升机进行医疗转运。

7. 伤员转运

医护人员、消防人员等将轻伤人员转移至 120 救护车，运送至目的地；医护机组、消防人员等协助将重伤人员登上医疗直升机，医疗直升机起飞并到达目的地医院（地方医院或模拟医院起降点）。路政、交警等负责清理现场障碍，恢复现场交通。路政现场指挥员将事故处理完毕信息上报监控员，监控员上报值班主任，并在值班主任示意下上报高速公路指挥调度监控中心，信息员将事故处理完毕信息报送联网中心与广播电台。

8. 演练结束

演练结束后，各单位进行任务执行情况总结，明确救援过程中的不足之处，完善高速公路航空应急救援预案。

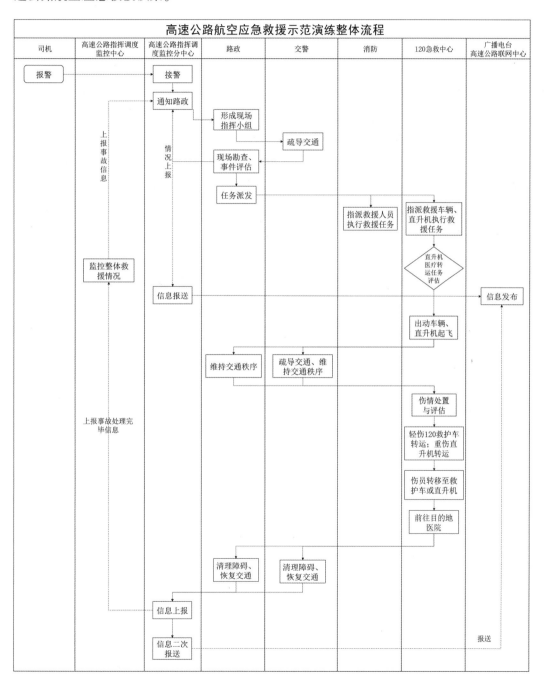

图 9.3 高速公路航空应急救援示范演练整体流程

第三节　海上航空应急救援演练方案

一、演练目的

（1）检验方案。通过开展海上航空应急救援演练，查找演练方案中存在的问题，进而完善应急演练方案，提高其实用性及可操作性。

（2）完善准备。通过开展海上航空应急救援演练，检查应对突发事件所需应急队伍、物资、装备、技术等方面的准备情况，发现不足及时予以调整补充，做好应急准备工作。

（3）锻炼队伍。通过开展海上航空应急救援演练，增强相关单位、人员等对应急预案的熟悉程度，提高其应急处置能力。

（4）磨合机制。通过开展海上航空应急救援演练，进一步明确相关单位和人员的职责任务，理顺工作关系，完善应急机制。

二、演练内容

（1）海上搜救的指挥协调。
（2）直升机海上搜索作业。
（3）直升机悬停救援。

三、参与单位

相关海上救助打捞部门、急救中心、通用航空公司、地方海事局、航空应急救援项目组单位等。

四、演练场景

（1）时间：×××× 年 ×× 月 ×× 日。
（2）地点：某出事海域。
（3）事件：×××× 年 ×× 月 ×× 日，×× 点 ×× 分 ×× 秒，航空应急救援指挥中心接到求救电话，因台风影响，某海域有一渔民遇险，经纬度不明，请求直升机救援。救援指挥中心接到报警后，立即联系直升机救援基地，派出搜救直升机前往事发区域，开展海上救援，将渔民救上直升机，返回基地。

五、演练组织分工

根据演练内容，各参与单位担任的演练角色及主要职责如表9.3所示。

表9.3 海上航空应急救援演练参与人员角色及职责

序号	角色	参与单位	参与人员角色	主要职责
1	航空应急救援指挥中心	航空应急救援项目组单位、地方海事局	值班员、值班领导（人数根据演练实际情况确定）	负责接警、任务评估；负责搜救任务派发；负责申报飞行计划；负责航空救援行动的监控和指挥
2	救援基地	相关海上救助打捞部门、急救中心、通用航空公司	值班人员、机长、副机长、搜救人员、地面保障人员、医护人员（人数根据演练实际情况确定）	负责搜救直升机的准备；负责直升机驾驶；负责空中搜救作业；负责伤患的医疗救治；
3	现场指挥中心	航空应急救援项目组单位、地方海事局	指挥人员（人数根据演练实际情况确定）	负责直升机搜救行动的监控和指挥；负责救援情况的下行上报。

六、演练准备

1. 资源准备

（1）人员。飞行机组、搜救机组、调度人员、值班人员、值班领导、地面保障人员、指挥人员、医护人员。所有演练涉及人员数量视演练实际情况而定。

（2）装备。①飞行器：直升机（带绞车）；②搜救装备：吊篮、吊带、索降装备、救生坐具等；③指挥装备：应急指挥软件、监控软件、北斗定位监视装备、自组网通信设备、移动指挥车。所有装备数量依据演练实际情况而定。

2. 前期准备

（1）需要与相关单位进行沟通，确定直升机的停放、加油、起降问题。

（2）需要确定演练海域。

（3）需要确定参与单位。

（4）联系拍摄团队，采购拍摄设备。

（5）提前申报飞行计划。

3. 资源提供

（1）通用航空公司或相关海上救助打捞部门提供救援直升机及配套机组人员、救援基地。

（2）航空应急救援项目组单位提供指挥软件、监控软件、北斗定位监视设备、自组网通信设备、搜救装备、移动指挥车等。

（3）急救中心提供医护人员、司机以及救护车。

（4）航空应急救援项目组单位、地方海事局负责提供值班员、调度员以及值班领导。

（5）航空应急救援项目组单位、地方海事局提供现场指挥人员。

4. 地点确认

（1）事发地：某海域。

（2）航空救援基地：通用航空公司或相关海上救助打捞部门。

（3）航空救援指挥调度中心：救助打捞部门指挥大厅（或其他指挥大厅）。

5. 演练准备时间

（1）提前14天：确定参与单位，明确分工。

（2）提前21天：开展人员培训。

（3）提前7天：各装备、指挥大厅、指挥平台到位。

（4）提前14天：完成2~3次预演。

（5）提前1天：所有演练准备工作全部完成。

七、演练流程

1. 接到报警

××××年××月××日，××点××分××秒，航空应急救援指挥中心接到求救电话，由于台风影响，某海域有一渔民遇险，具体经纬度不明，请求直升机救援。

2. 事件评估

航空救援指挥中心值班员上报值班领导，值班领导对事件进行评估，事发地海域广阔，船只无法开展快速搜索，需要利用直升机进行空中救援。

3. 任务派发

值班员向直升机救援基地发出航空救援任务通知，并调动资源组建现场指挥中心，直接监控并指挥救援行动。

4. 任务响应

直升机救援基地接到任务后，进行任务评估，决定执行任务；立即上报飞行计划，向搜救任务机组发出任务通知，搜救直升机起飞；现场指挥中心指挥员乘坐移动指挥车赶往事发附近。

5.遇险人员搜救

搜救直升机到达事发地上空，利用视频设备，开展搜索工作，经搜索发现事发遇险

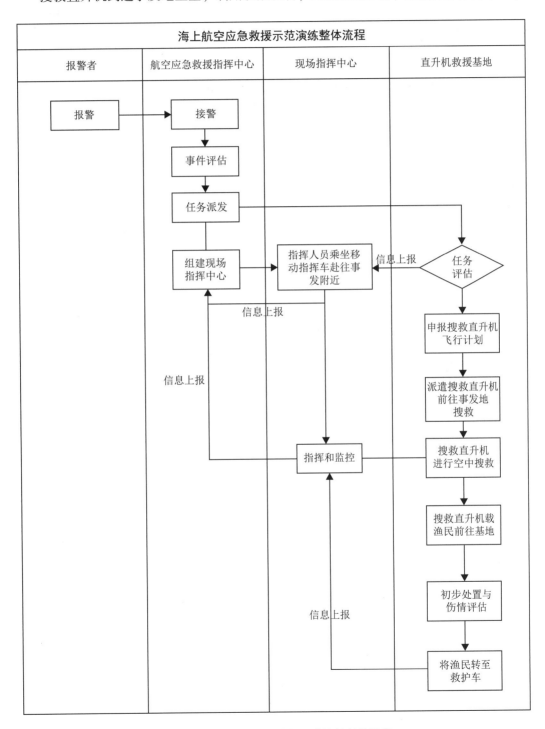

图 9.4　海上航空应急救援示范演练整体流程

人员；移动指挥车通过应急通信设备与搜救直升机进行通信，获知渔民的具体位置及相关情况，并上报给航空应急救援指挥中心。

救生员通过救生设备将救援人员固定，利用绞车将遇险渔民转移至舱内，送到救援基地。

6. 返回救援基地

直升机返回救援基地，医护人员、地面保障人员协助渔民下机，并对渔民进行伤情检查、处置以及评估，将渔民转至救护车后，上报给航空应急救援指挥中心。

7. 演练结束

演练结束后，各单位进行任务执行情况总结，明确救援过程中的不足之处，完善海上航空应急救援预案。

第四节 森林消防航空应急救援演练方案

一、演练目的

（1）检验方案：通过开展森林消防航空应急救援演练，查找演练方案中存在的问题，进而完善应急演练方案，提高其实用性及可操作性。

（2）完善准备：通过开展森林消防航空应急救援演练，检查应对突发事件所需应急队伍、物资、装备、技术等方面的准备情况，发现不足及时予以调整补充，做好应急准备工作。

（3）锻炼队伍：通过开展森林消防航空应急救援演练，增强相关单位、人员等对应急预案的熟悉程度，提高其应急处置能力。

（4）磨合机制：通过开展森林消防航空应急救援演练，进一步明确相关单位和人员的职责任务，理顺工作关系，完善应急机制。

二、演练内容

（1）森林消防的指挥协调。
（2）直升机航空消防作业。

三、参与单位

护林站、林业部门、应急管理部门、通用航空公司、航空应急救援项目组单位等。

四、演练场景

（1）时间：××××年××月××日。

（2）地点：××林区或模拟地表火灾区域（选择的地点不会存在火势扩大的潜在风险）。

（3）事件：护林任务机组人员开展日常直升机林区巡查工作，当巡查至××林区，通过光电吊舱传回的数据，发现着火点，上报指挥中心，在其指挥下开展航空森林消防作业。

五、演练组织指挥分工

根据演练内容，各参与单位担任的演练角色及主要职责如表9.4所示。

表9.4　森林消防航空应急救援演练参与人员角色及职责

序号	角色	参与单位	参与人员角色	主要职责
1	航空救援指挥调度中心	护林站、林业部门、应急管理部门	值班员、值班领导（人数根据演练实际情况确定）	负责下达航空森林消防任务；负责航空救援行动的监控和指挥。
2	保障队伍	通用航空公司等	值班员、地面保障人员（人数根据演练实际情况确定）	负责提供油料补给；负责保障直升机的临时起降；引导直升机的起降；负责对直升机进行加油；负责申报飞行计划。
3	巡航/消防救援队伍	通用航空公司、护林站	机长、副机长、消防救援人员（人数根据演练实际情况确定）	负责提供加装光电吊舱以及消防设备的直升机；负责直升机的安全驾驶；负责空中消防作业。

六、演练准备

1. 资源准备

（1）人员。飞行机组、巡查/森林消防机组、值班人员、值班领导、地面保障人员、指挥人员等。所有演练涉及人员数量视演练实际情况而定。

（2）装备。①飞行器：直升机（带光电吊舱、消防设备）；②指挥装备：应急指挥软件、监控软件、北斗定位监视装备、自组网通信设备；③保障装备：移动快铺机坪、移动加油车。所有装备数量依据演练实际情况而定。

2. 前期准备

（1）需要与相关单位进行沟通，确定直升机的停放、加油、起降问题。

（2）需要确定演练地点。

（3）确定取水地点、油料等补给点。

（4）确定参与单位、人员。

（5）联系拍摄团队，采购拍摄设备。

（6）提前申报飞行计划。

3. 资源提供

（1）通用航空公司、护林站等提供救援直升机及配套机组人员。

（2）通用航空公司提供值班员、地面保障人员。

（3）航空应急救援项目组单位提供指挥软件、监控软件、北斗定位监视设备、自组网通信设备、消防装备、移动加油设备等。

（4）护林站、林业部门、应急管理部门等提供值班员、指挥员、值班领导等人员。

4. 地点确认

（1）地点：模拟地表火灾区域（选择的地点不会存在火势扩大的潜在风险）。

（2）补给点：适合搭建临时起降点的位置。

（3）航空救援指挥调度中心：某救援指挥大厅。

5. 演练准备时间

（1）提前14天：确定参与单位，明确分工。

（2）提前21天：开展人员培训。

（3）提前7天：各装备、指挥大厅、指挥平台到位。

（4）提前14天：完成2~3次预演。

（5）提前1天：所有演练准备工作全部完成。

七、演练流程

1. 发现火情

×××× 年 ×× 月 ×× 日，护林任务机组人员开展日常直升机林区巡查工作，当巡查至 ×× 林区，通过光电吊舱传回的数据，发现着火点。

2. 事件上报

巡查机组立即将火情地点、涉及范围、火情程度等信息上报航空救援指挥中心值班员。

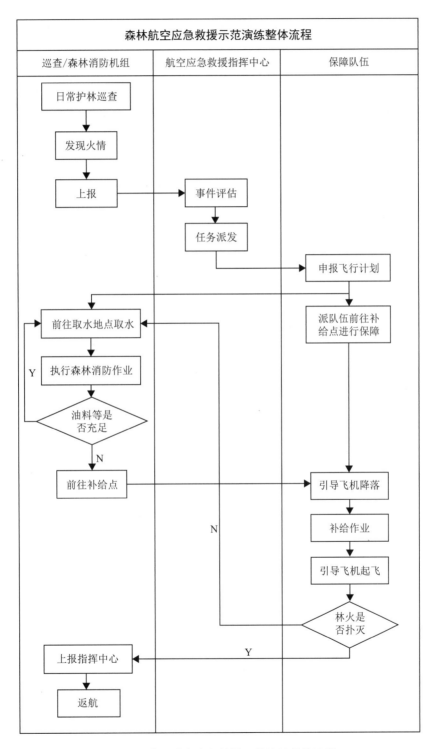

图 9.5　森林航空应急救援示范演练整体流程

3. 事件评估

航空应急救援指挥中心值班员立即上报值班领导，考虑到直升机具备消防灭火条件，要求巡查机组立即开展消防救援行动。

4. 任务下达

值班人员通过指挥平台，对救援方案进行规划，向通用航空公司下达保障任务，并通知其补给点的具体位置；通知救援机组附近的取水地点以及补给点的具体位置信息，并执行消防救援任务。

5. 任务响应

通用航空公司接到任务后，立即派遣人员前往补给点，利用快铺机坪提供起降点，并提供临时加油设备；救援机组则前往取水点取水后执行消防作业。

6. 油料补给

直升机多次往复取水点与消防作业点，需对油料进行补给，前往补给点，在地面保障人员的引导下，直升机降落于快铺机坪，地面保障人员利用移动加油装备对直升机进行加油。

7. 继续开展消防任务

继续开展航空森林消防作业，直至林火扑灭。林火扑灭后上报航空应急救援指挥中心，直升机返航。

8. 演练结束

演练结束后，各单位进行任务执行情况总结，明确救援过程中的不足之处，完善森林消防航空应急救援预案。

第五节　城市高层消防航空应急救援演练方案

一、演练目的

（1）检验方案。通过开展城市高层消防航空应急救援演练，查找演练方案中存在的问题，进而完善应急演练方案，提高其实用性及可操作性。

（2）完善准备。通过开展城市高层消防航空应急救援演练，检查应对突发事件所需应急队伍、物资、装备、技术等方面的准备情况，发现不足及时予以调整补充，做好应急准备工作。

（3）锻炼队伍。通过开展城市高层消防航空应急救援演练，增强相关单位、人员等对应急预案的熟悉程度，提高其应急处置能力。

（4）磨合机制。通过开展城市高层消防航空应急救援演练，进一步明确相关单位和人员的职责任务，理顺工作关系，完善应急机制。

二、演练内容

（1）城市高层消防的指挥协调。

（2）直升机医疗转运。

三、参与单位

消防救援总队（119）、各消防救援支队、事发高楼所属单位、通用航空公司、地方医院、航空应急救援项目组单位等。

四、演练场景

（1）时间：××××年××月××日。

（2）地点：某高层大楼（大楼楼顶具备起降条件）。

（3）事件：××××年××月××日，某高层大楼发生燃气泄漏，泄漏气体接触到电器设备产生的火花，瞬间发生爆燃。爆炸的冲击波导致该区域内防火隔离、喷淋等部分消防设施损坏，火势迅速蔓延，多名人员受到爆炸波及，整栋大楼内近百名人员受到火势威胁。大楼工作人员迅速向119指挥中心报警，消防接警后迅速派出消防车赶往现场处置，因为大楼地处交通繁忙地区，考虑到现场交通指挥的复杂度和高层人员的救援需求，紧急出动一架直升机快速前往现场，负责地面救援车辆的交通指挥、火情监测、楼顶伤患的转移等任务。

五、演练组织指挥分工

根据演练内容，各参与单位担任的演练角色及主要职责如表9.5所示。

表9.5　城市高层航空应急救援演练参与人员角色及职责

序号	角色	参与单位	主要职责
1	应急救援指挥中心	消防救援总队（人数根据演练实际情况确定）	负责接警、任务评估； 负责任务派发； 负责消防救援行动的监控和指挥。

序号	角色	参与单位	主要职责
2	消防救援队伍	各消防救援支队（人数根据演练实际情况确定）	负责提供消防救援人员； 执行消防救援任务； 及时向消防救援总队汇报救援情况。
3	空中巡查队伍	消防救援支队、通用航空公司、航空应急救援项目组（人数根据演练实际情况确定）	负责直升机的准备； 监测火情； 指挥地面救援车辆交通情况； 负责申报飞行计划； 负责救援情况的下行上报。
4	空中救援队伍	消防救援支队、通用航空公司、航空应急救援项目组、地方医院（人数根据演练实际情况确定）	负责申报飞行计划； 负责直升机的准备； 负责执行医疗转运任务； 负责救援情况的下行上报。
5	医疗救护队伍	地方医院（人数根据演练实际情况确定）	负责执行医疗救护任务。
6	道路交通疏导队伍	交警大队（人数根据演练实际情况确定）	负责疏导道路交通。

六、演练准备

1. 资源准备

（1）人员。消防救援组、飞行机组、医疗救护队伍、交通疏导队伍、值班人员（消防救援总队提供）、指挥人员（消防救援总队提供）。所有演练涉及人员数量视演练实际情况而定。

（2）装备。①巡查装备：直升机（带光电吊舱）；②医疗转运装备：直升机、医疗担架、配套医疗装备；③指挥装备：自组网通信装备、应急指挥软件、监控软件、北斗定位监视装备。所有装备数量依据演练实际情况而定。

2. 前期准备

（1）需要与消防部门、交警大队等方面进行沟通，确定直升机的停放、加油、起降问题。

（2）联系拍摄团队，采购拍摄设备。

（3）提前申报飞行计划。

3. 资源提供

（1）消防救援总队提供值班人员、指挥人员、值班主任。

（2）各消防救援支队提供消防救援队伍。

（3）通用航空公司提供巡查直升机、医疗直升机、飞行机组。

（4）航空应急救援项目组提供救援担架、自组网通信装备、应急指挥软件、监控软件、北斗定位监视装备。

（5）地方医院提供医疗救护队伍以及医疗机组。

4. 地点确认

（1）事发地：某高层大楼（大楼楼顶具备直升机起降条件）。

（2）应急救援指挥调度中心：消防救援总队。

（3）目的地医院：地方医院或模拟医院起降点。

5. 演练准备时间

（1）提前 14 天：确定参与单位，明确分工。

（2）提前 21 天：开展人员培训。

（3）提前 7 天：各装备、指挥大厅、指挥平台到位。

（4）提前 14 天：完成 2～3 次预演。

（5）提前 1 天：所有演练准备工作全部完成。

七、演练流程

1. 接到报警

××××年××月××日，××点××分××秒，消防部门接到 119 报警电话，某高层大楼发生燃气泄漏，泄漏气体接触到电器设备产生的火花，瞬间发生爆燃，爆炸的冲击波导致该区域内防火隔离、喷淋等部分消防设施损坏，火势迅速蔓延，多名人员受到爆炸波及，整栋大楼内近百名人员受到火势威胁。

2. 事件评估

119 值班员将信息报值班主任，主任对事件进行评估，由于现场交通指挥的复杂度高，因而在派出道路交通疏导队伍的同时，需利用直升机对现场火情进行勘察，辅助疏导交通，使得消防救援车辆顺利抵达事发高层建筑；同时若对高层伤患采用传统的救援方式，则救援时间、风险大大增加，因而派遣直升机执行医疗转运任务，赢取救援时间。

3. 任务派发

119 值班员向消防救援队伍发出前往事发地点附近待命通知；向交警大队发出疏导交通的任务通知；向空中巡查队伍发出空中巡查、火情监测的任务通知；向空中救援队伍发出医疗转运任务的通知。

4．任务响应

空中巡查队伍以及空中救援队伍接到任务后，进行任务评估，决定执行任务；立即分别上报飞行计划，向直升机机长发出任务通知，直升机起飞。

5．火情勘察及辅助疏导交通

空中巡查队伍飞达事发大楼附近，通过光电吊舱拍摄大楼火情，以及现场附近的交通情况，并通过自组网回传至应急救援指挥中心，指挥中心联系交警大队，引导道路交通的疏通。其后，应急救援指挥中心通知消防救援队伍前往事发大楼执行消防救援任务。

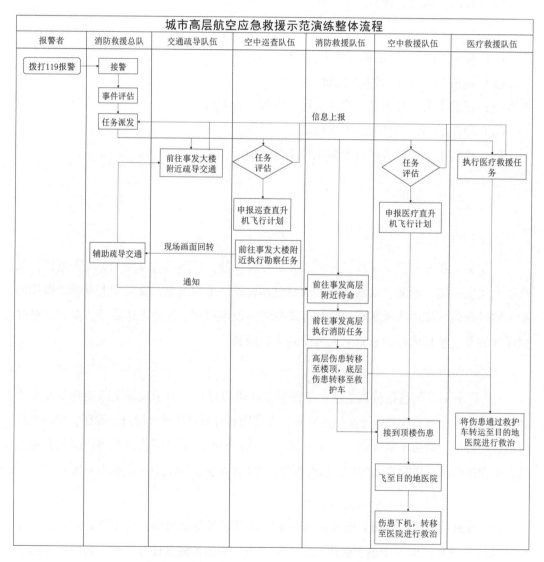

图9.6 城市高层航空应急救援示范演练整体流程

6. 现场处置

消防救援队伍抵达现场后，对现场执行消防任务，高楼层的伤患转移至顶楼等待直升机救援，低楼层的伤患则转移至救护车转运至目的地医院，并将现场处置情况上报应急救援指挥中心，指挥中心通知空中救援队伍前往事发大楼楼顶执行医疗转运任务。

7. 遇险人员转运

消防队伍协助伤患登上医疗直升机，医疗直升机起飞到达目的地医院进行救治。

8. 演练结束

演练结束后，各单位进行任务执行情况总结，明确救援过程中的不足之处，完善城市高层消防航空救援预案。

第六节　救援演练突发事件应急预案

一、总则

1. 编制目的

本预案编制的目的是针对救援演练发生突发事件时，保证应急工作协调、有序和高效开展，最大限度地减少人员伤亡。

2. 工作原则

（1）以人为本。以保障人民群众生命财产安全为出发点和落脚点，最大限度地减少飞行事故造成的人员伤亡和财产损失。

（2）统一领导，职责明确。在当地应急办的统一领导下，相关职能部门、军队、武警、消防、卫生按照各自职责、分工、权限和本预案的规定，共同做好飞行事故应急救援处置工作。

（3）相互协调，有效应对。各相关单位或职能部门应积极配合、密切协作、整合资源、信息共享、形成合力，保证飞行事故信息的及时准确传递、发布，高效有序地开展处置工作。

（4）预防为主，安全第一。积极预防、预警，尽最大可能排除安全隐患，保证安全。

3. 事故分类

（1）直升机在飞行过程中发生机身故障、火警、危险品泄露及其他发生在航空器内部导致的事故。

（2）直升机在飞行过程中遭遇危险天气、飞鸟撞击、电磁干扰等导致的事故。

（3）直升机与地面相撞或与障碍物相撞导致的事故。

二、组织机构和职责

1. 领导机构

由演练所在地区的应急办作为演练突发事件的应急领导机构，演练所在区域相关领导作为应急行动的总指挥和总协调；副总指挥由应急办主任、消防主要负责同志、急救中心等主要负责同志担任。

2. 应急响应机构

（1）消防。负责组织指挥突发事故中灭火、抢险、救援及防化洗消等相关工作；负责配合有关成员单位组建飞行事故的应急救援队伍。

（2）急救中心。负责组织开展伤病员医疗救治工作，报告人员伤亡情况和伤病员救治信息。

（3）公安局。负责事故现场的警戒工作；负责人员撤离区域的治安管理；协助进行人员疏散等。

（4）通用航空公司。负责配合展开事故救援工作。

三、应急处置与救援

1. 预防措施

（1）各单位应做好对相关人员的安全教育及培训，并明确每个人的职责。

（2）演练现场应有消防车1辆、急救车1辆备勤；当地医院直升机起降点应有消防车1辆备勤。

（3）救援基地应做好地面保障工作，确保无关人员在安全区以外，并确保消防设施完善、可用。

（4）演练现场应做好外围清场，确保演练现场没有无关人员。

（5）医院应做好地面保障工作，确保直升机能够安全降落，无关人员在直升机安全区以外。

（6）通用航空公司应做好指挥调度工作，确保演练按计划进行，并确保空地通信畅通。

（7）通用航空公司应确保直升机操纵安全、规范。

2．应急响应

（1）应急办在接到事故相关信息后，立即组织各单位进行救援，并立即通报相关应急机构。

（2）相关成员单位接到信息后，及时组织专业应急救援队伍赶赴现场开展人员疏散、现场警戒、现场监控、抢险救助等应急处置工作。

（3）应急办组织协调、指挥各单位完成应急处置工作。指挥协调的主要内容是：

①组织协调对事故直升机的搜救。

②提出现场应急行动原则和要求。

③指挥协调相关应急力量实施紧急处置行动。

④指挥协调有关部门对伤员进行医疗救助和医疗移送。

⑤指挥协调对获救人员及事发地人民群众的疏散、转移。

⑥指挥协调建立现场警戒区和交通管制区，确定重点保护区域。

⑦指挥协调对周边地区风险源的监控。

⑧指定现场指挥员及通信方式。

3．应急结束

（1）应急救援终止条件

①事故航空器的搜救工作已经完成。

②机上幸存人员已撤离、疏散。

③伤亡人员已得到妥善救治和处理，重要财产已进行必要保护。

④对事故现场、应急救援人员和群众已采取有效防护措施。

⑤事故所造成的各种危害已被消除，并无继发可能。

⑥事故现场的各种应急救援处置行动已无继续的必要。

⑦事故现场及其周边得到了有效控制，对重要地面设施、环境保护、公众安全、社会稳定等的影响已降至最低程度。

（2）应急救援终止

现场指挥员确认符合应急终止条件，选择适当终止时机，报应急办批准应急终止。应急办向各单位下达应急终止通知。

四、应急救援预案联系人与联系方式

事先要准备好一份"应急预案联系人与联系方式"（表样见表9.6），以备突发事件发生时能及时地联系到相关人员。

表 9.6　应急预案联系人与联系方式

救援演练中 承担角色	单位/部门/职位	姓名	对讲机号	手机号

附录一 常用急救药品

1. 肾上腺素（Adrenaline）

[**别名**] 副肾素。

[**药理**] 对 α 和 β 受体都有激动作用，使心肌收缩力加强，心率加快，心肌耗氧量增加，使皮肤黏膜及内脏小血管收缩，但冠状血管和骨骼肌血管则扩张，此外，具有松弛支气管和胃肠道平滑肌作用。

[**适应证**] 心跳停搏、过敏性休克、支气管哮喘的抢救治疗。

[**常用制剂**] 注射剂：1ml（1mg）。

[**护理要点**]

（1）高血压、器质性心脏病、冠状动脉粥样硬化、糖尿病、甲状腺功能亢进症、洋地黄中毒、外伤及出血性休克等慎用，心脏性哮喘忌用。

（2）不良反应：头痛、心悸、血压升高、惊厥、面色苍白、多汗、震颤、尿潴留。

（3）皮下注射或肌肉注射，要更换注射部位以免引起组织坏死，注射时必须回抽无回血后再注射，以免误入静脉，注射时密切观察血压和脉搏变化，以免引起血压骤升和心动过速。

（4）用本药可增加心肌和全身耗氧量，故必须充分给氧，注意防止酸中毒发生。

2. 去甲肾上腺素 Noradrenaline

[**别名**] 去甲肾素。

[**药理**] 主要激动 α 受体、对 β 受体激动作用很弱，且有很强的血管收缩作用，使全身小动脉与小静脉都收缩，外周阻力增高，血压上升。

[**适应证**] 各种休克，低血压、上消化道出血，但出血性休克禁用。

[**常用制剂**] 1ml（2mg）。

[**护理要点**]

（1）高血压、动脉硬化、无尿病人忌用。

（2）不良反应：局部组织缺血坏死，尿少、尿闭、急性肾功能衰竭，头痛、高血压、反射性心动过缓。

（3）注射时选用直、大、弹性好的静脉，加强观察，如出现皮肤苍白和疼痛，应立即更换注射部位，并以酚妥拉明 5～10mg 加 0.9% NS 溶液 10～15ml，作局部浸润注射，不可热敷。

（4）注射时应从小剂量开始，随时测量血压，调整给药速度，使血压保持在正常范围内。

（5）本品遇光逐渐变色，宜避光保存。

（6）与碱性药物如氨茶碱、磺胺嘧啶钠配伍注射。

（7）抢救时避免长时间使用，以免毛细血管灌注不良导致不可逆死亡。

3. 异丙肾上腺素 Isoprenaline

[**别名**] 喘息定，治喘灵。

[**药理**] β 受体激动剂。作用 β1 受体，增强心肌收缩力、加快心率、加速传导，使心输出量和心肌耗氧量增加，松弛支气管、肠道平滑肌。冠状动脉也不同程度舒张，血管总外周阻力降低，促进糖原和脂肪分解，增强组织耗氧量。

[**适应证**] 心跳骤停、房室传导阻滞、支气管哮喘、心源性及中毒性休克。

[**常用制剂**] 注射剂：2ml（1mg）。片剂：10mg。气雾剂：0.25%，5%。

[**护理要点**]

（1）心绞痛、心肌梗死、甲状腺功能亢进、嗜铬细胞瘤等禁用。

（2）不良反应：头痛、心悸、头晕、喉干、恶心、胸痛、气短。

（3）密切观察心电图、脉搏、血压的变化，根据病人的病情调整浓度和剂量。

（4）若心率 > 110 次/分钟，心电图异常或病人有胸痛时，立即停药及时报告医生。

（5）教会病人使用气雾剂，使用后唾液及痰液可呈粉红色，用后漱口，以免刺激口腔及喉。

（6）连续使用可产生耐受性，应告知病人不可滥用，应限制吸入次数和吸入量。

4. 山梗菜碱 Lobeline

[**别名**] 洛贝林。

[**药理**] 兴奋颈动脉窦和主动脉体的化学感受器，反射性地兴奋呼吸中枢，对植物神经先兴奋后抑制。

[**适应证**] 新生儿窒息，一氧化碳、吸入麻醉剂及其他中枢抑制药物中毒，肺炎、白喉等传染病引起的呼吸衰竭。

[**常用制剂**] 注射剂：1ml（3mg）。

[**护理要点**]

（1）不良反应：恶心、呕吐、呛咳、头痛、心悸等，大剂量可引起心动过缓、传导阻滞、呼吸抑制，甚至惊厥。

（2）观察有无大汗，心动过速，低血压等，滴速要缓慢。

5. 尼可刹米 Nikethamide

[**别名**] 可拉明。

[**药理**] 选择性兴奋延髓呼吸中枢，也可作用于颈动脉窦和主动脉体的化学感受器，反射性地兴奋呼吸中枢，使呼吸加深加快。

[**适应证**] 中枢性呼吸功能不全、肺源性心脏病引起的呼吸衰竭、阿片类药物中毒。

[**常用制剂**] 注射剂：1.5ml（0.375g），2ml（0.5g）。

[**护理要点**]

（1）不良反应：大剂量可引起血压升高、心悸、出汗、呕吐、震颤及肌僵直。

（2）应用本品出现惊厥应及时静脉注射苯二氮卓类药物。

6. 多巴胺 Dopamine

[**别名**] 3 - 羟酪胺，儿茶酚乙胺。

[**药理**] 多巴胺受体激动剂。小剂量使肠系膜、肾、脑及冠状动脉扩张，增加血流量，使肾血流量及肾小球滤过率均增加，从而使尿量及钠排泄量增加，预防急性肾功能衰竭；中等剂量增加心肌收缩力，增加心排血量，加快心率；大剂量使外周阻力增加，血压升高。

[**适应证**] 各种类型休克、充血性心力衰竭、急性肾功能衰竭（与利尿剂合用）。

[**常用制剂**] 注射剂：2ml（20mg）。

[**护理要点**]

（1）禁用于嗜铬细胞瘤病人。

（2）不良反应：大剂量可使呼吸加速、心律失常，过量可致快速型心律失常。

（3）使用前应补充血容量及纠正酸中毒。

（4）静脉滴注，应观察血压、心率、尿量和一般状况。

（5）对有周围血管病史者应用本品时，需密切观察肢体色泽、温度变化，以防肢体严重缺血坏死。

7. 间羟胺 Metaraminol

[**别名**] 阿拉明。

[**药理**] a受体激动剂，升压效果比去甲肾上腺素较弱但较持久，有中度加强心脏

收缩的作用，可增加脑和冠状血流量。

[**适应证**] 各种原因引起的休克、低血压。

[**常用制剂**] 注射剂：1ml（10mg），5ml（50mg）。

[**护理要点**]

（1）禁用：甲状腺功能亢进症，高血压，充血性心力衰竭及糖尿病。

（2）不良反应：头痛、潮红、出汗、颤抖、高血糖、心动过缓。

（3）连用可引起快速耐受性，有蓄积作用，如用药后血压上升不明显，必须观察10分钟后，才决定是否增加剂量，以免贸然增量致使血压上升过高。

（4）不宜与碱性药物共同滴注，因可引起分解。

8. 利多卡因 Lidocaine

[**别名**] 塞罗卡因、昔罗卡因、浩罗卡因、塞洛卡因。

[**药理**] 局部麻醉药及Ⅰb类抗心律失常药，降低心肌兴奋性，减慢传导速度，提高室颤阈，抑制异位节律点的自律性。

[**适应证**] 各种原因引起的心动过速，频发性室性早搏、心室颤动，洋地黄中毒，心肌梗死。

[**常用制剂**] 5ml（0.1mg），10ml（0.2mg），20ml（0.4mg）。

[**护理要点**]

（1）禁用于对本品过敏者，严重房室传导阻滞，室内传导阻滞。

（2）不良反应：恶心，呕吐，头晕，嗜睡，欣快，吞咽困难，烦躁不安等。大剂量可引起惊厥，呼吸抑制，心跳停止。

（3）静脉滴注过程中，严密观察病人血压及心电图，防止过量中毒。

（4）必须注意选用供心律失常的利多卡因，而不是供局部麻醉用的注射液。

9. 去乙酰毛花苷 Deslanoside

[**别名**] 西地兰、去乙酰毛花苷丙。

[**药理**] 正性肌力药物，增强心肌收缩力，减慢心率，抑制传导。

[**适应证**] 急性和慢性心力衰竭，心房颤动和阵发性室上性心动过速。

[**常用制剂**] 注射剂：1ml（0.2mg），2ml（0.4mg）。

[**护理要点**]

（1）严重心肌损坏者及肾功能不全者慎用。

（2）不良反应：恶心、呕吐、食欲不振、头痛、心动过缓、房室传导阻滞。

（3）禁与钙注射剂合用。

（4）静注时稀释后缓慢静注时间大于5分钟。

10. 呋塞米 Furosemide

[**别名**] 速尿。

[**药理**] 为速效、强效利尿药，主要作用于髓袢升支髓质部，对水电解质有排泄作用和扩张肾血管，降低肾血管阻力，使肾血流量增加，扩张肺部容量静脉，降低肺毛细血管通透性，使回心血量减少。

[**适应证**] 水肿性疾病、高血压、预防急性肾功能衰竭、高钾血症、高钙血症、急性药物中毒。

[**常用制剂**] 片剂：20mg。注射剂：2ml（20mg）。

[**护理要点**]

（1）禁用于低钾血症、肝昏迷、孕妇、磺胺类药物过敏者。

（2）不良反应：水及电解质失调，体位性低血压、休克、低血钾、低血钠、低血钙、增加强心苷毒性、骨髓抑制、头痛、听力障碍。

（3）静脉注射要慢，大剂量静脉注射不超过 4mg/min，并同时监测血压、心率变化。

（4）长期大剂量使用应注意观察有无乏力、呕吐等缺钾症状，并指导病人补充钾盐。

（5）观察有无耳中毒现象，如耳鸣、听力下降等，如有发现及时停药。

（6）本品可致高血糖，对糖尿病病人应注意观察血糖的变化。

（7）大剂量使用时，观察病人有无脱水或体位性低血压症状。

11. 硝酸甘油 Nitrolycerin

[**别名**] 三硝酸甘油酯。

[**药理**] 为速效、短效硝酸酯类抗心绞痛药，可直接松弛血管平滑肌特别是小血管平滑肌，使周围血管扩张，外周阻力减少，回心血量减少，心排血量降低，心脏负荷减轻，心肌耗氧量减少。

[**适应证**] 主要用于缓解心绞痛，治疗充血性心力衰竭，可直接松弛血管平滑肌，尤其是小血管平滑肌，以扩张静脉为主。

[**常用制剂**] 片剂：0.3mg，0.5mg，0.6mg。注射剂：1ml（5mg），2ml（10mg）。贴膜剂：0.5 毫克/格。喷雾剂：0.4 毫克/喷，80 毫克/瓶。

[**护理要点**]

（1）禁用于青光眼，严重贫血、低血压、颅压增高的疾病。

（2）不良反应：头胀、头痛、头内跳痛，心跳加快，视物模糊、恶心、呕吐、口干。

（3）片剂应放在棕色避光瓶内，以免失效。

（4）药品应含服、未溶前不可吞服。

（5）静脉注射时，密切观察病人的血压及心率变化。

（6）长期连续服用易产生耐受性，如需停药，应逐渐减量，以免诱发心绞痛。

12. 阿托品 Atropine

[别名] 硫酸阿托品、阿托品硫酸盐、硫酸阿托平。

[药理] M胆碱受体阻滞剂，能解除平滑肌的痉挛，抑制腺体分泌，解除迷走神经对心脏的抑制，使心率加快、散瞳及眼压升高、兴奋呼吸中枢，具有松弛内脏平滑肌及扩瞳的作用。

[适应证] 内脏绞痛、有机磷农药中毒、散瞳、阿–斯综合征、感染性休克、麻醉前给药。

[常用制剂] 片剂：0.3mg。注射剂：1ml（0.5mg），1ml（5mg），2ml（10mg）。滴眼剂：0.5% ~3%。

[护理要点]

（1）禁用于青光眼、前列腺肥大者。

（2）不良反应：口干、眩晕、瞳孔散大、皮肤潮红、心率加快、兴奋、烦躁、惊厥。

（3）静脉注射时速度宜慢，观察有无过量及中毒。

（4）对老年人要观察有无便秘和尿量。

（5）滴眼时要压迫内眦，以免流入鼻内。

13. 山莨菪碱 Anisodamine

[别名] 654 – 2。

[药理] M胆碱受体阻滞剂，松弛平滑肌，解除血管痉挛，改善微循环，抑制腺体分泌和扩瞳，作用较阿托品弱。

[适应证] 感染性休克、有机磷中毒、平滑肌痉挛、血管痉挛引起的循环衰竭、突发性耳聋、眩晕症、各种神经痛。

[常用制剂] 片剂：5mg，10mg。注射剂：1ml（5mg），1ml（10mg），1ml（20mg）。

[护理要点]

（1）禁用于脑出血急性期，青光眼者。

（2）不良反应：口干、面红、轻度扩瞳，视物模糊等。

（3）抗感染性休克时，其他措施不能少。

（4）若出现排尿困难可用新斯的明。

14. 地塞米松 Dexamethasone

[**别名**] 氟美松。

[**药理**] 人工合成的长效糖皮质激素类药。有较强的抗炎、抗过敏作用，而对水钠潴留和促进排钾作用轻微，有抗内毒素、抗休克作用，解除小动脉痉挛，增强心收缩力，改善微循环。

[**适应证**] 各种严重细菌感染性疾病、支气管哮喘、变态反应性疾病、严重皮肤病、各种原因引起的眼部炎症、再生障碍性贫血、白血病、休克。

[**常用制剂**] 片剂：0.75mg。注射剂：0.5ml（2.5mg），1ml（5mg），5ml（25mg）。

[**护理要点**]

（1）禁用：溃疡病、血栓性静脉炎、活动性肺结核、肠吻合术后、急性感染等。

（2）不良反应：较大量可引起糖尿及类柯兴综合征。

（3）停药时应逐渐减量，不宜骤停，以免诱发或出现肾上腺皮质功能不足症状。

（4）定期检查电解质及血糖变化。

15. 酚磺乙胺 Etamsylate

[**别名**] 止血敏、止血定。

[**药理**] 能增加血液中血小板数量，增强其聚集性和粘附性，促使血小板释放凝血活性物质，缩短凝血时间，加速血块收缩，可增强毛细血管抵抗力。

[**适应证**] 预防手术前后的出血及止血，各种血管因素引起的出血。

[**常用制剂**] 片剂：0.25mg。注射剂：2ml（0.25g），2ml（0.5g），5ml（1g）。

[**护理要点**]

（1）不良反应：恶心、头痛、皮疹。

（2）不得与碱性药物配伍。

（3）高分子血浆扩充剂应在使用本药之后使用。

16. 氨甲苯酸 Aminomethyl Benzoic Acid

[**别名**] PAMBA，止血芳酸，抗血溶芳酸。

[**药理**] 通过抑制纤维蛋白溶解酶原的激活因子，从而抑制纤维蛋白的降解，起到止血作用。

[**适应证**] 消化道出血、产科出血等纤溶亢进引起的出血。

[**常用制剂**] 片剂：0.25g。注射剂：5ml（0.05g），10ml（0.1g）。

[**护理要点**]

（1）禁用于血栓形成倾向或有血栓者。

（2）不良反应：头晕、头痛、腹部不适。

（3）用量过大可促使血栓形成，并可诱发心肌梗死。

17．盐酸异丙嗪 Promenthazine

［**别名**］非那根。

［**药理**］吩噻嗪类抗组胺药。有明显的中枢安定作用，能增强麻醉药、催眠药和局麻药的作用，并能降低体温，有镇吐作用。

［**适应证**］皮肤黏膜过敏、晕动病、人工冬眠、麻醉后呕吐、全麻辅助用药。

［**常用制剂**］片剂：12.5mg，25mg。注射剂：1ml（25mg），2ml（50mg）。

［**护理要点**］

（1）禁用于驾驶员、机械操作员、运动员、早产儿。新生儿不推荐使用。

（2）不良反应：困倦、思睡、口干、锥外体系症状、白细胞减少、呼吸不规则、视力糊糊、尿潴留。

（3）不可与氨茶碱混合使用。

（4）用药期间避免饮用酒精类饮料、避免阳光直射皮肤。

（5）注射后可有眩晕等症状，应卧床休息。

18．盐酸氯丙嗪 Chlorpromazine

［**别名**］冬眠灵。

［**药理**］吩噻嗪抗精神病药，具有抗精神病作用、镇吐作用、降温作用，增加催眠麻醉镇静药作用，可阻断外周 α – 肾上腺素受体，直接扩张血管，引起血压下降，大剂量时可引起体位性低血压，还可解除小动脉和小静脉痉挛，改善微循环，而有抗休克作用。

［**适应证**］用于镇吐、顽固性呃逆、中暑、高血压、麻醉前给药、人工冬眠、精神病。

［**常用制剂**］片剂：12.5mg，25mg。注射剂：2ml（25mg），2ml（50mg）。

［**护理要点**］

（1）禁用于肝功能减退、有癫痫病史、昏迷病人。

（2）不良反应：口干、视物不清、乏力、体位性低血压、锥体外系反应、过敏反应、嗜睡、便秘、心悸等。

（3）长期应用应定期检查肝功能。

（4）用药后应静卧后 1～2 小时，防止体位性低血压。血压过低，可用去甲肾上腺素或麻黄碱升压。

（5）本品刺激性大，静脉注射时可引起血栓性静脉炎。

19. 纳洛酮 Naloxone

[**别名**] 金尔伦。

[**药理**] 对阿片受体的亲和力比吗啡大，能阻止吗啡样物质与阿片受体结合，为阿片碱类解毒剂，可增加急性中毒呼吸，抑制病人的呼吸频率，并能对抗镇静作用使血压上升。

[**适应证**] 镇痛药过量中毒，乙醇、安眠药过量中毒，休克，亦可用于急性呼吸衰竭、慢性阻塞性肺气肿、老年性痴呆的治疗。

[**常用制剂**] 1ml（0.4mg），2ml（0.02mg），2ml（0.04mg）。

[**护理要点**]

（1）不良反应：偶有一过性恶心、呕吐、心律失常，大剂量可出现四肢麻木、针刺感。

（2）监测血压及心电图变化。

（3）昏迷病人在使用本药时要监测意识变化。

20. 二羟丙茶碱 Diprophylline

[**别名**] 喘定，丙羟茶碱，甘油茶碱。

[**药理**] 为茶碱的衍生物。作用与氨茶碱相似而作用较弱，毒副作用小。

[**适应证**] 支气管哮喘、喘息性支气管炎、阻塞性肺气肿，也可用于心源性哮喘。

[**常用制剂**] 片剂：0.1g，0.2g。注射剂：2ml（0.25g）。

[**护理要点**]

（1）不良反应：偶有口干、恶心、心悸、多尿。

（2）不宜与氨茶碱同用，勿饮酒、咖啡、浓茶等。

（3）大剂量可致中枢兴奋，预服镇静药可防止。

21. 氨茶碱 Aminophylline

[**别名**] 乙二胺茶碱。

[**药理**] 为茶碱与乙二胺的复合物。松弛支气管平滑肌，抑制过敏介质释放，在解痉同时还可减轻支气管黏膜充血和水肿，增强呼吸肌收缩力，减少呼吸肌疲劳，增强心肌收缩力，增强心输出量，舒张冠状动脉、外周血管和胆管，增加肾血流量，提高肾小球滤过率，减少水钠重吸收，具有利尿作用。

[**适应证**] 急、慢性支气管哮喘及其他慢性阻塞性肺疾患，急性心功能不全及心源性哮喘，胆绞痛。

[**常用制剂**] 片剂：0.1g，0.2g。注射剂：10ml（0.25g）。

［护理要点］

（1）禁用于急性心肌梗死、低血压、休克等病人。

（2）不良反应：恶心、呕吐、食欲减退、心痛、烦躁、易激动、失眠。

（3）推注速度不宜过快，应大于 10 分钟，否则可能出现心律失常、心率增快、肌肉颤动、谵妄、惊厥等毒性反应。

（4）不可露置于空气中、以免发黄、失效。

（5）避免与酸性药物如维生素 C、去甲肾上腺素等配伍。

22. 复方氨林巴比妥 Compound Aminophenazone and Barbital

［别名］安痛定。

［药理］解热镇痛。

［适应证］急性高热病人的紧急退热，对发热时头痛症状也有缓解作用。

［常用制剂］注射剂：2ml。

［护理要点］

（1）不良反应：急性粒细胞减少症、呕吐、大汗、皮疹等。

（2）使用期监查血象，若发现粒细胞减少症，应立即停药。

（3）注射后观察有无大汗淋漓及虚脱症状，及时补充水分。

23. 地西泮 Diazepam

［别名］安定。

［药理］长效苯二氮卓类抗焦虑药。有抗焦虑、镇静、催眠、抗惊厥及中枢性肌肉松弛作用。

［适应证］焦虑症、失眠、各种原因引起的惊厥、癫痫，还可用于麻醉前诱导和维持。

［常用制剂］片剂：2.5mg，5mg。注射剂：2ml（10mg）。

［护理要点］

（1）禁用于哺乳期妇女、孕妇、新生儿。青光眼、重症肌无力、肝肾功能不良、粒细胞减少者慎用。

（2）不良反应：嗜睡、眩晕、共济失调、震颤。

（3）长期用药病人可出现耐受性和成瘾性，应逐渐停药，突然停药可能出现戒断症状。

（4）静注速度宜慢，否则易出现心血管及呼吸抑制，观察脉搏、血压、心率等变化。

（5）本品应单独使用，不可与其他药物配伍。

24. 苯巴比妥 Phenobarbital

[别名] 鲁米那。

[药理] 长效巴比妥类药物，具有镇静、催眠、抗惊厥、抗癫痫的作用。

[适应证] 用于镇静、催眠、抗惊厥，亦可用于癫痫大发作、局限性发作及癫痫持续状态。

[常用制剂] 片剂：15mg，30mg，100mg。注射剂：50mg，100mg。

[护理要点]

（1）禁用于对本品过敏，严重肝肾功能不全，支气管哮喘、呼吸抑制，卟啉病病人。

（2）不良反应：失眠、头痛、焦虑、震颤、惊厥、低血压、心动过缓、恶心、呕吐、血小板减少及过敏反应、质量效应。

（3）长期用药病人不可骤停，以免引起癫痫发作。

（4）静脉注射速度不应超过60mg/min，以免引起呼吸抑制。

（5）本品不与酸性药物配伍，用药后避免饮酒，否则影响判断力。

（6）本品中毒解救：口服未满3小时，可用温生理盐水或1：2000高锰酸钾洗胃，再用10～15g硫酸钠（忌用硫酸镁）导泻。

25. 氯化钾 Potassium Chloride

[别名] 补达秀。

[药理] 补钾药，维持细胞内渗透压，参与能量代谢，通过与细胞外的氢离子交换参与酸碱平衡的调节，参与乙酰胆碱的合成。

[适应证] 预防和治疗低钾血症、洋地黄中毒引起的频发多源性期前收缩或快速心律失常。

[常用制剂] 片剂：0.25g，0.5g。注射剂：10ml（1g），10ml（1.5g）。

[护理要点]

（1）禁用于高钾血症、肾功能严重减退（无尿或少尿）、严重脱水者。

（2）不良反应：胃肠道刺激症状，如口干、呕吐、腹痛、注射部位疼痛，过量可出现乏力，手足、口唇麻木，意识模糊、呼吸困难、心率减慢、传导阻滞、心跳骤停。

（3）定期测血钾，观察有无高血钾症状出现，及时与医生联系。

（4）静脉滴注时，速度宜慢，小于2mmol/l，浓度小于0.3%，尿量在于30ml/h再补钾。

（5）滴注时应选用粗直静脉，可减轻刺激症状，如有外渗，及时停药，给予冷敷。

（6）口服本品刺激性大，可用水或果汁溶解后与饭同服。

26. 葡萄糖酸钙 Calcium Gluconate

[**药理**] 钙离子补充剂。维持神经、肌肉的正常兴奋性，降低毛细血管通透性，有消炎、消肿和抗敏作用，并能对抗氨基糖苷类抗生素中毒引起的呼吸肌麻痹，能拮抗镁离子及对抗其中毒反应。

[**适应证**] 钙缺乏症、心跳骤停的复苏、过敏性反应、镁中毒解救。

[**常用制剂**] 片剂：0.1g，0.5g。注射剂：10ml（1g）。

[**护理要点**]

（1）禁用于高钙血症、肾结石、心室纤颤、骨转移癌等病人。

（2）不良反应：静注时可出现全身发热，快速静注可产生心律失常，心跳骤停。

（3）静注速度不宜过快，加等量的葡萄糖液稀释后，控制在 2ml/min 左右。

（4）有强烈的刺激性，不宜作皮下或肌肉注射，静脉注射不可漏于血管外，如果不慎外漏，应立即停药，局部用 0.5% 普鲁卡因作局部封闭。

（5）禁与氧化剂、枸橼酸盐、硫酸盐配伍。

27. 甘露醇 Mannitol

[**药理**] 脱水药、渗透性利尿药。提高血浆胶体渗透压，导致组织脱水和利尿。

[**适应证**] 脑水肿，青光眼，预防各种原因引起的急性肾小管坏死，防治急性少尿症。

[**常用制剂**] 注射剂：250ml（50g）。

[**护理要点**]

（1）禁用：肺充血或肺水肿、活动性颅内出血、充血性心力衰竭、进行性肾功能衰竭、严重失水、孕妇。

（2）不良反应：水电解质紊乱、血尿、肾病、过敏反应、疼痛（注射部位）等。

（3）使用前仔细检查有无结晶，如有结晶在热水中振荡，使结晶充分溶解后使用。

（4）根据病情选择合适的浓度，滴注速度应控制在 10ml/min。

（5）应选择粗直静脉，勿穿破静脉使药液渗出，以免引起组织坏死，如不慎漏出血管外，可用 0.5% 普鲁卡因作局部封闭，并热敷。

（6）定期检查：血压、肾功能、血电解质、尿量等情况，预防因短时间内突然快速输入大量的液体使循环增加，引起急性肺水肿。

28. 右旋糖酐 40 Dextran40

[**别名**] 低分子右旋糖酐。

[**药理**] 提高血浆胶体渗透压，促进红细胞和血小板聚集，改善微循环，有渗透性利尿作用。

[适应证] 休克、失血性疾病、创伤、早期预防 DIC、体外循环以代替部分血液、血栓性疾病、肢体再植和血管外科手术改善血液循环。

[常用制剂] 注射剂：100ml（10g），500ml（30g），500ml（50g）。

[护理要点]

（1）禁用于充血性心力衰竭、有出血性疾病的病人。

（2）不良反应：皮肤瘙痒、荨麻疹、哮喘、血压下降、发热、关节疼痛、大剂量可出现出血和凝血时间延长。

（3）首次使用时，速度宜慢，严密观察 30 分钟，如有过敏反应，及时停药，并观察血压、脉搏、尿量的变化。

（4）监测血容量情况，观察有无呼吸急促、哮鸣音、咳嗽、脉率增快、胸部压迫等循环超负荷症状。

（5）本药不得与维生素 C、维生素 B12 混合使用。

29. 羟乙基淀粉 40 Hydroxyethyl Starch 40

[别名] 706 代血浆。

[药理] 血容量扩充剂。提高血浆胶体渗透压，降低血液黏稠度，改善微循环。

[适应证] 缺血型、外伤、中毒性休克，血栓闭塞性疾病及各种原因导致的微循环障碍的辅助治疗。

[常用制剂] 注射剂：500ml（30mg）。

[护理要点]

（1）禁用于有严重出血倾向、充血性心力衰竭、肾功能衰竭、尿少或无尿病人。

（2）不良反应：偶有过敏反应、发热、寒战、流感样症状、下肢水肿、大剂量使用可自发性出血。

（3）使用药前仔细检查：液体如有混浊、沉淀或有菌落、变色等不可使用。

（4）注射剂应一次性用完，如未用完应弃去，不可再次使用，使用时溶液应保存在 37 度左右。

（5）观察有无循环超负荷症状。

30. 胺碘酮 Amiodarone

[别名] 乙胺碘呋酮，可达龙。

[药理] 具有选择性冠状动脉扩张作用，能增加冠状动脉血流量，降低心肌耗氧量，延长心房、心室、房室结纤维的动作电位和有效不应期，并减慢传导速度。

[适应证] 适用于多种原因引起的室上性、室性心动过速和期前收缩，阵发性房扑和颤动、预激综合征。

[**常用制剂**] 片剂：200mg。注射剂：3ml（150mg）。

[**护理要点**]

（1）禁用于房室传导阻滞、心动过缓、甲状腺功能障碍、碘过敏者。

（2）不良反应：胃肠道反应、角膜色素沉着、偶见皮疹及皮肤色素沉着。

（3）推注不宜过快，否则易引起低血压。

（4）使用本品可出现光过敏反应，用药后避免在太阳下暴晒，以免出现皮肤红斑。

（5）定期监测血压、心电图、脉搏、若脉率小于60次/分钟，应立即报告医师。

31. 酚妥拉明 Phentolamine

[**别名**] 利其丁。

[**药理**] a1a2 阻滞剂，有血管舒张作用。

[**适应证**] 治疗血管痉挛性疾病，感染中毒性休克，室性期前收缩等。

[**常用制剂**] 注射剂：5mg（1ml）10mg（1ml）。

[**护理要点**]

（1）副作用：直立性低血压、鼻塞、瘙痒、恶心、呕吐等。禁用：低血压、严重动脉硬化、心脏器质性损害。

（2）忌与铁剂配伍。

附录二 常用救援直升机

航空器名称	H130 轻型单发直升机		
生产厂家	空中客车直升机公司		
发动机型号	透博梅卡阿里尔 2D 涡轴发动机		
机身长度	10.68m	机身总高	3.34m
主旋翼直径	10.69m	总座位数	7 个
续航时间	>4hr	油箱容量	540L
最大航程	610km	升限	7010m
最大巡航速度	287km/h	标准巡航速度	240km/h
最大起飞重量	2427kg	最大有效荷载	1067kg
简要描述			
H130 单发直升机属于 Ecureuil 系列，拥有新型空调系统和主动振动控制系统（AVCS），不仅改善重心设计，H130 的内饰、座椅、客舱、金属拉门和右侧滑动门都是采用新型设计，更安静舒适。该机型广泛用于包机运营和紧急医疗服务行业，尤其广泛用于城市观光服务领域。			
照片展示			

航空器名称	H135 轻型双发直升机		
生产厂家	空中客车直升机公司		
发动机型号	透博梅卡阿吕斯 2B2 涡轴发动机/普惠加拿大 PW206B 涡轴发动机		
机身长度	10.2m	机身总高	3.51m
主旋翼直径	10.2m	总座位数	8 个
续航时间	3.5h	油箱容量	680L
最大航程	635km	升限	6096m
最大巡航速度	287km/h	标准巡航速度	254km/h
最大起飞重量	2910kg	最大有效荷载	1455kg
简要描述			

H135（曾用名 EC135 T3/P3）是空中客车直升机中最成功的轻型机之一，以高续航能力、紧凑机身、低噪水平、高可靠度、多用途、高性价比著称。该型双发直升机可执行多种任务，几乎可以在任何地方起降。特别在高温高原条件下，其长距离飞行载重能力远胜于同级别其他机型，被广泛应用于警务与急救领域，同时也用于执行运输任务。

照片展示

航空器名称	H145 轻型双发直升机		
生产厂家	空中客车直升机公司		
发动机型号	透博梅卡阿里尔1E2 涡轴发动机		
机身长度	13.03m	机身总高	3.45m
主旋翼直径	11m	总座位数	10 个
续航时间	3.5h	油箱容量	723kg
最大航程	650km	升限	5240m
最大巡航速度	268km/h	标准巡航速度	246km/h
最大起飞重量	3585kg	最大有效荷载	1793kg
简要描述			

主要用途有搜索救援、紧急勤务、准军用/警务、专机/载客运输、货运、近海作业、航摄、新闻采访以及训练等。

照片展示

航空器名称	AS332 C1e 双发中型直升机		
生产厂家	空中客车直升机公司		
发动机型号	透博梅卡马基拉 1A1 涡轴发动机		
机身长度	16.79m	机身总高	4.97m
主旋翼直径	16.2m	总座位数	15
续航时间	3h19min	油箱容量	1556L
最大航程	642km	升限	7620m
最大巡航速度	278km/h	标准巡航速度	260km/h
最大起飞重量	8600kg	最大有效荷载	4195kg
简要描述			

这款大型高速直升机可执行大范围任务,为紧急人道主义救援方面的空中起重机、空中私人运输等提供服务。其有效荷载和优秀的大型起吊操作能力使其成为全能型直升机。

AS332 C1e 直升机也可以在雪地、沙地或者极高极热等恶劣环境下运行。由于其配有先进的航空电子设备,同时具备 EASA/FAA 认证,因此可以为飞行员和乘客提供高安全性。

照片展示

航空器名称	Bell407 轻型单发直升机		
生产厂家	贝尔直升机加拿大公司（美国贝尔直升机公司的子公司）		
发动机型号	艾利逊 250 – C47B 涡轴发动机		
机身长度	12.7m	机身总高	3.56m
主旋翼直径	10.67m	总座位数	8 个
续航时间	4h12min	油箱容量	484L
最大航程	598km	升限	5698m
最大巡航速度	260km/h	标准巡航速度	246km/h
最大起飞重量	2722kg	最大有效荷载	1065 千克（机内）/ 1200 千克（吊挂）
简要描述			

这款直升机最大的特点就是经济可靠，能够在各类极端条件下胜任各类飞行任务。可执行普通运输、公务运输、海上石油/天然气开采支援、医疗救护、搜索与救援、空中执法、直升机飞行训练、联络、空中观测、武装侦察等任务。

照片展示

航空器名称	Bell429 型双发中型直升机		
生产厂家	美国贝尔直升机德事隆公司		
发动机型号	普惠加拿大 PW207D 涡轴发动机		
机身长度	12.7m	机身总高	4.04m
主旋翼直径	10.97m	总座位数	7
续航时间	4h	油箱容量	814L
最大航程	754km	升限	6100m
最大巡航速度	287km/h	标准巡航速度	278km/h
最大起飞重量	3400kg	最大有效荷载	1250kg
简要描述			
Bell429 直升机的多用途设计及骄人的性能，使之能够为多种部门服务，能够执行包括急诊医疗、近海石油和天然气勘探支持、空中执法和搜索救援等任务，同时也能满足私人客户的需求，可以提供私人运输的直升机服务。			
照片展示			

航空器名称	AW139 中型双发直升机		
生产厂家	意大利芬梅卡尼卡直升机公司		
发动机型号	普拉特·惠特尼 PT6C－67C 涡轴发动机		
机身长度	16.65m	机身总高	4.95m
主旋翼直径	13.8m	总座位数	17 个
续航时间	6h	油箱容量	1562L
最大航程	1061	升限	3600m
最大巡航速度	310km/h	标准巡航速度	290km/h
最大起飞重量	6400kg	最大有效荷载	2778kg
简要描述			

AW139 直升机拥有同级别产品中最宽敞的客舱，容积达 8 立方米，能搭载 12～15 名乘客。AW139 最大巡航速度为 306 千米/小时，最大航程超过 1060 千米（使用辅助燃料），在同级别产品中树立了新的性能标准。强大的涡轴发动机配合顶级的五叶片主旋翼传动系统，即使在极端的环境和各种载重条件下，也能够确保出色的巡航速度和卓越的动力表现。

照片展示

航空器名称	AW119 轻型单发直升机		
生产厂家	意大利芬梅卡尼卡直升机公司		
发动机型号	加拿大普惠 PT6B – 37A 涡轴发动机		
机身长度	12.92m	机身总高	3.77m
主旋翼直径	10.83m	总座位数	8 个
续航时间	5h	油箱容量	605L
最大航程	900km	升限	5700m
最大巡航速度	256km/h	标准巡航速度	244km/h
最大起飞重量	2720kg	最大有效荷载	908kg
简要描述			

这是一款轻型单发直升机，用途十分广泛，可用于空中运输、巡逻救灾以及空中摄影等多种任务，号称全能直升机机型。这款直升机在研制之初的目的，就是为市场提供一种单引擎低成本运营的高运输量直升机。遇到特殊情况，可以再增加 2 个油箱，使之达到持续飞行近 6 个小时的能力。

照片展示

航空器名称	AW109 轻型直升机		
生产厂家	意大利芬梅卡尼卡直升机公司		
发动机型号	可装配普惠式或透博梅卡涡轴发动机		
机身长度	13.04m	机身总高	3.5m
主旋翼直径	11m	总座位数	8个
续航时间	4h20min	油箱容量	550L
最大航程	964km	升限	5974m
最大巡航速度	311km/h	标准巡航速度	285km/h
最大起飞重量	3000kg	最大有效荷载	1060kg
简要描述			

AW109 轻型直升机用途广泛，可用作政府物质运输、近海航行、紧急药物供给或者执行监视和军队巡逻任务。凭借其性能表现出色、可靠性强、维修简单以及用途灵活等特点赢得了飞机驾驶员和操作者的认可和喜爱。

照片展示

参考文献

［1］刘冰. 构建覆盖全国的三级应急救援航空体系［N］. 中国应急管理报，2020 - 05 - 30.

［2］张亚丽. 美国空中医疗救援的发展与现状［J］. 中国应急救援，2015，（03）：52 - 54.

［3］高远洋. 国外航空应急救援体系建设及其启示［J］. 中国空管，2014，（05）：18 - 23.

［4］于芷婧. 关于通用航空在公共卫生应急救援领域应用的思考［J］. 中国工程咨询，2020，（06）：20 - 24.

［5］彭博，张进军. 航空医学救援医疗装备的专家共识［J］. 中华灾害救援医学，2019，7（04）：186 - 189.

［6］李宇峰. 加快航空救援力量建设 构筑消防应急救灾大格局［J］. 中国消防，2019，（10）：60 - 61.

［7］李艳华. 推进我国通用航空应急救援高质量发展［J］. 今日民航，2020，（Z1）：27.

［8］钟斌，田剑清. 我国航空医疗救援发展现状及策略［J］. 中华灾害救援医学，2019，7（09）：531 - 535.

［9］何鑫，熊升华，杨鑫，刘全义，何涪. 我国通航应急救援体系现状及展望［J］. 中国民航飞行学院学报，2020，31（03）：31 - 35.

［10］刘琼，马岳峰，钱嗣维. 飞行医生手册——直升机应急医疗救援操作规范［M］. 西安：第四军医大学出版社，2019.

［11］石海明，杨海平，赵伯诚. 直升机医学救护与救援［M］. 北京：人民军医出版社，2010.

［12］安柯，李明，杨钧，郑静晨. 我国航空应急医学救援指挥体系的构建［J］. 中华灾害救援医学，2017，5（06）：340 - 344.

［13］肖清滔，钟歆．国外直升机应急救援体系现状与启示［J］．中华灾害救援医学，2018，6（08）：455-459.

［14］辛军国，赵莉，马骁．美德日俄四国空中医疗救援体系比较及对我国的启示［J］．中国急救医学，2018，（4）：363-368.

［15］闫鹏，杨帅，张强．航空应急救援专业化力量建设的战略性思考（上）——航空应急救援概述及发展现状航空应急救援力量建设初步设想［J］．中国减灾，2019，（01）：44-49.

［16］闫鹏，杨帅，张强．航空应急救援专业化力量建设的战略性思考（下）——航空应急救援力量建设初步设想［J］．中国减灾，2019，（05）：34-39.

［17］马岳峰，何小军，潘胜东，钱嗣维．我国航空医学救援的现状与发展趋势［J］．中华急诊医学杂志，2018，27（08）：827-830.

［18］丁立平．低空风切变对飞行的影响及应对措施［J］．指挥信息系统与技术，2010，1（01）：77-81.

［19］周染云，张敏，杨亚婷，等．医疗救援直升机接机转运危重患者护理管理［J］．护理管理杂志，2018，18（01）：35-37+71.

［20］张凯茜．基于市场机制的通用航空应急救援任务分配研究［D］．南京：南京航空航天大学，2018.

［21］王建平，张云昌，索香林，等．城市搜索与救援队伍能力测评现状研究［J］．中国应急救援，2020，（02）：32-36.

［22］李全，邹松泉，周绍华．直升机飞行员水下逃生模拟训练系统研究［J］．医疗卫生装备，2013，34（12）：42-44.

［23］游志斌．俄罗斯的防救灾体系［J］．中国公共安全（综合版），2008，（03）：163-167.

［24］刘旭坤．消防航空队在应急救援中的应用与发展［J］．中国应急救援，2011，（06）：12-15.

［25］绍斌，姜艳阳，黄涛．我国航空应急救援体系构建与实施［J］．消防科学与技术，2019，38（04）：549-552.

［26］胡平．空中急救转运的相关安全问题［J］．中国急救复苏与灾害医学杂志，2018，（4）：322-324.

［27］李素英．严重多发伤的急救与护理体会［J］．中外健康文摘，2011，（8）：367-368.

［28］徐毓蔓．航空搜索救援任务下山地应急救援装备配备分析［J］．长春工程学院学报（社会科学版），2018，19（02）：58-61.

［29］田剑清. 危重患者的航空救援医疗护理［J］. 中华灾害救援医学, 2019, 7 (03)：175 - 180.

［30］孙巍. 伤病员空运后送的组织与管理［M］. 北京：人民军医出版社, 1992.

［31］娄靖, 张进军. 航空医学救援医务人员配置的专家共识［J］. 中华急诊医学杂志, 2018, 27 (08)：840 - 843.

［32］王永虎. 直升机涡环状态形成机理及处置［J］. 中国民航飞行学院学报, 2017, 28 (05)：24 - 26.

［33］周染云, 张敏, 杨亚婷, 郭营瑾, 王宏, 秦艳红, 韩丽梅. 医疗救援直升机接机转运危重患者护理管理［J］. 护理管理杂志, 2018, 18 (01)：35 - 37 + 71.

［34］蒋征奎. 常用急救药品介绍［J］. 健康向导, 2015, 21 (04)：32 - 36.

［35］艾拉·布鲁曼. 航空医学转运指南［M］. 张进军, 王天兵, 王鹏, 译. 北京：人民卫生出版社, 2019.

［36］高远洋. 民间通用航空是国家航空救援力量的重要补充［N］. 中国民航报, 2012 - 10 - 12.

［37］李哲. 航空应急救援商业化解决方案设计［D］. 北京：北京航空航天大学, 2020.

［38］李斯然. 基于响应时间的航空应急救援地面保障布局研究［D］. 北京：北京航空航天大学, 2020.

［39］Clare Robinson. Air Ambulance Operations Manual：An insight into the role and operation of helicopter air ambulances in the UK. Sparkford：Haynes Publishing UK, 2019.

［40］中国民用航空局航空器适航审定司. 航空医疗救护飞行服务规范：MH/T 1065 - 2018［S］. 2018.

［41］中国民航局飞行标准司. 直升机安全运行指南：AC - 91 - FS - 2014 - 22［S］. 2014.

［42］中国航空器拥有者及驾驶员协会. 航空应急救援场站等级划分：T/AOPA 0002 - 2020［S］. 2020.